佐治晴夫
Haruo Saji

科学の心が
星の詩にであうとき

それでも宇宙は美しい！

春秋社

はじめに

生命のふるさと――すべては星の中で始まった

近隣の山に少しだけ分け入ると、突如、出現する不思議な工場があります。深夜でも明々《あかあか》と電灯が灯《とも》り、ゴーゴーと機械の音がしていて、事務室の窓越しにヘルメットや作業服が見えますが、まったく人の気配がありません。まるで、アニメの「千と千尋の神隠し」の中で、主人公一家が迷い込んでしまう不気味な商店街そっくりです。そこを過ぎると、電灯ばかりが煌々《こうこう》と点《つ》いている公衆トイレや湧《わ》き水がありますが、その先は、深山幽谷、宇宙とあなただけの世界です。

見上げてごらんなさい。森の樹木に縁取りされた空一面には、星がまたたき、そこが、あなたのほんとうのふるさとです。今から１３８億年の遠い昔、ひとつぶの限りなく熱く、まばゆい光から生まれた私たちの宇宙。どこもかしこも白熱の目もくらむような世界、すべては混沌《こんとん》としていました。やがて、急速に膨張を続けて、温度が一兆度まで下がると、光のしずくから、すべてのものを作る素《もと》となる粒子たちが姿を現します。それらが集まって水素の雲になり、最初の星が生まれました。そして、星は光り輝く過程で、たくさんの元素たちを合成していきましたが、最後はバランスを崩して大爆発します。超新星爆発です。そのようにして撒《ま》き散らされた星のかけらから、水やアンモニア、アルコールなど、生命の素となる物質ができ、宇宙空間に漂い始めたのでした。

あらゆる天体は、宇宙空間を漂っている小さな星のかけらが、たがいの引力で引き付けあい、雪だるまのように大きくなることによって形成されたものです。考えてみれば、地球もまた、天体衝突による産物なのですね。今から46億年ほど前のできごとです。

それだけではありません。地球に生命をもたらしたのも天体衝突でした。生命が生きていくために必要な水は、氷の塊である彗星が地球に衝突して運んできたものです。実は、彗星の「しっぽ」は、まぎれもなく彗星の核の中に含まれている水分が、太陽光に熱せられて蒸発したものです。

コーヒーカップの中の水も、コーヒー豆やほかの食材を育てたのも、すべて彗星から運ばれてきた水です。カップは地球の岩を溶かして作られた鉱物が素材で、すべて宇宙からの贈り物です。

また、燃え尽きないで落下してきた小惑星の隕石《いんせき》の中には、生命の合成に必要な要素がたくさんつまっていることもわかってきました。私たちの命は、宇宙からの贈り物だったのです。

出来たばかりの地球の海には、大気中の分子が溶け込み、雷の放電がきっかけとなって、生命の素となるアミノ酸が生まれた可能性もあり、これらは、いずれも、現代科学の実験によって裏付けられた科学的事実です。

さて、この深山幽谷の中で脈打っているあなたの鼓動。からだの中をめぐっている血液の中に存在するヘモグロビンと、あなたを取り囲んでいるまわりの樹木の中の葉緑素の分子構造は、ほとんど同じです。生きるエネルギーを光合成に求めたのが植物で、呼吸に求めたのが動物というように4億年ほど前に分化したのです。あなたも、昔は樹木の仲間だったということです。

この宇宙は10と書いて、そのあとに0を80個つけたくらいの限られた数の粒子からできています。その数の増減はありませんから、一度できたものがこわれない限り、次のものを生み出す余裕がありません。この粒子のリサイクルが「死」の発明だったともいえます。

あなたのかけがえのない存在とはまぎれもなく、この広大無辺な宇宙時間のなかでの一瞬のきらめきであることを忘れないだけの賢明さをもちつづけたいものです。

それでも
宇宙は
美しい！

目　次

それでも宇宙は美しい！

科学の心が星の詩にであうとき

1

宇宙の中心と果てのあわいで

★たまたま存在する地球

中国の上海から空路で2時間あまり西よりの都市、武漢。洋々と流れる大河のほとり、4回目の皆既日食に出会うことができました。2009年7月のことです。

その場にいた人たちは例外なく、自分たちのまわりの風景が夢でもなく、現実でもなく、「ありえない世界」の出来事だと感じたに違いありません。

耳が痛くなるほどのセミ時雨と38度を超える気温の中、照りつける太陽の光が次第に萎《な》えていき、真昼なのに真昼ではない、まるでマグリットが描く幻想画の世界です。やがて周囲一面360度が夕焼けに染まると、音もなく街灯がともり始めます。先ほどまで確かに聴こえていたセミ時雨は幻聴だったのか……あたりは静寂に包まれます。気温が下がり、どこからともなく風がわきたちます。

その時です。地平線の彼方から夜と昼の境界線が、ものすごい勢いで突進してきて、まるで鍋のふたをかぶせられたような夜の世界に放り込まれます。空を見上げると、真っ黒い「一つ目」が地上を見下ろしていて、そのまわりを光芒《こうぼう》が取り囲み、天空には星が輝き始めます。

なんということ！　重くよどんだ空気の中で時間が凍り付き、死の世界を体験しているかのような数分間です。突然、天上の「一つ目」の周りに、ほんのりと光が差すと、次の瞬間、木の葉から水滴が落ちるかのように、小さな光のしずくがしみ出し、見る見る大きくなってはじけると、周囲にまばゆいばかりの光の矢がいっせいに放たれます。世界が息を吹き返し、時間が流れ始めます。やがて世界は光を取り戻し、セミが鳴き始めます。いったい何が起こったのか、思考回路が混乱します。

さて、この日食という現象は、単に感動的な天体ショーだというばかりではなく、宇宙の中の太陽系、太陽系の中の地球、そしてその星の上に注がれる太陽エネルギーの恩恵の中で生きている私たち人間とのかかわりを感じさせてくれる最大の体験です。それは科学的体験というよりも、むしろ宗教体験だといった方が適当かもしれません。人間は、自分ではコントロールできないもの、創《つく》りだせないものに、畏怖《いふ》と美を感じるのでしょう。

私たちの地球は、大きさ10万光年という銀河系の片隅にある太陽という月並みな恒星の庇護《ひご》のもとに、たまたま存在している惑星のひとつです。ですから、地球上で起こる営みのすべては、広大無辺な宇宙の変動と絡み合っているのは当然のことです。

★命のもと、あふれる銀河系

私たちの銀河系は、およそ1000億個くらいの太陽のような星が、ちょうど、おせんべいのような形に集まったもので、私たちの太陽系は、その端のほうに位置しています。そこで、太陽系から、銀河のおせんべいの縁の方を眺めると、見かけ上、星がたくさん重なって見えますから、あたかも、たくさんの星が密集しているかのように見えます。これが、白くぼんやりと輝いて天の川に見えているのです。

この天の川を、夜空が十分に暗いところで、よく見ると、その中に星が見えない暗黒部分があることに気づきます。実は、巨大なお椀《わん》の形をしている電波望遠鏡で、この部分からやってくる電波を調べてみると、地球の上にある岩石の成分と同じようなかけらが、浮かんでいることがわかりました。これが集まると地球のような星になります。天の川の暗黒部分は、地球のような星を育てる「ゆりかご」だということですね。そのほか、宇宙のあらゆるところには、炭素を中心にして、水素や窒素が結びついた不思議な分子がたくさん浮遊しています。それらは、命を作り出す素になる分子たちです。植物を含め、生物体は、焼けると黒くなりますが、これは、生物の素が炭素であることを示しているのです。

ところで、命を育《はぐく》んだ地球のことを水の惑星などといいます。たしかにその通りですが、宇宙には、もともと水がたくさんあります。太陽系でいえば、太陽に近い方から、岩石型惑星（水星、金星、地球、火星）、ガス型惑星（木星、土星、天王星、海王星）、その外側にあるのが、冥王星をはじめとする氷型天体です。時折、地球に近づいてくる彗星《すいせい》は氷の塊です。おそらく、地球に水をもたらしたのも、そういった星の衝突だったようです。岩石やガス、あるいは氷でできた大きな球体が惑星の姿です。

★……………………中心と果ての重なりに生きる私たち

「そして、明日の朝、陽《ひ》はふたたび輝き、私の行く道に、幸せにみちた私たちをもういちど結ぶだろう……」

J・H・マッケイの詩にR・シュトラウスが作曲した「あした」という歌曲の冒頭の部分です。〝明るい日〟と書く「あした」に私たちは未来への望みを託し、日々の生活を送っています。黙っていても、確実に訪れる「あした」は、いかにも、地球が世界の中心にあって、自然や宇宙の動きはすべて、舞台の上で繰り広げられる演劇のようにも思えてきます。天動説の視点です。

しかし、現実の地球は、自転しながら太陽の周りを公転し、さらに地球や木星など惑星たちを引き連れた太陽は、ヘルクレス座の方向に時速7万2000キロの速さで動いています。それだけではありません。太陽のような1000億個の星を抱えた私たちの銀河系も、2億年かけて自転しています。いったい宇宙の中心はどこにあるのでしょう。

さらにいえば、私たちの宇宙は、今から138億年の遠い昔、限りなく熱くまばゆい一粒の小さな光から生まれた（ビッグバン理論ですね）とされていますが、その生まれた場所はどこだったのでしょう。

さて、夜空の中に見えている銀河を観測すると、私たちからの距離に比例する速さで遠ざかっていることが確かめられています。「ハッブルの法則」です。2倍遠くにあれば、2倍の速さで遠ざかっているということで、宇宙はそのように膨らんでいるということですね。そこで、こんな場面を想像してみてください。

まず、風船の表面に等間隔に水玉模様を描いて、膨らましてみましょう。そして、一つの水玉の上にのって周りを見渡してみましょう。2倍遠いところにある水玉は、2倍の速さで遠ざかっているように見えるでしょう。次に、別の水玉の上から周りを見たとしたら……？　やはり同じように、遠いところほど、より速く遠ざかっているように見えて、どの水玉から見ても周りの風景は同じです。つまり、風船の表面という世界に話を限れば、すべての点が膨張の中心であり、見方を変えれば、世界の果てであるかのように見えているということです。

私たちの宇宙も、これと同じ状況にあって、宇宙を見上げている人の場所が宇宙の中心であり、端っこであるとしかいいようがないのです。だからこそ、あなたの耳元では、宇宙が爆発するかのようにしてできた時の残り火の電波雑音が聞こえていますし、あなたの手のひらの中にある物質を調べることで、宇宙の果てのことも分かるのです。驚くべき奇跡だとしかいいようがない宇宙の構造です。ですから、あなたが、宇宙のかなたにいる宇宙人だといってもいいのかもしれません。

★考える存在が生み出す宇宙

「宇宙ってなぜあるの？」

小学校5年生を対象にした特別授業を終えた後、いきなり出た質問です。いかにも子どもならではの唐突な疑問ですが、これは、原因から結果を導くというより、逆に、現在から過去へと時間をさかのぼりながら答えを求めていくというユニークな手法の典型例になっています。

まず、こういった疑問が出てくる背景には、そんな疑問を考え出す脳がなければなりません。そこを出発点にしましょう。その脳は原子分子からできていますが、その中で、とりわけ重要な要素は炭素です。アミノ酸、たんぱく質など、体の臓器を構成する基本的な元素だからです。

では、その炭素はどこからやってきたのでしょうか。それは星が光り輝く過程で生み出したもので、星が終末期に大爆発（超新星爆発）を起こして木っ端みじんになると、宇宙空間にばらまかれ、それが太陽系に取り入れられ、そこで生まれた地球の中にも含まれることになったのです。そこから、私たちの祖先である生物が誕生し、そのまま人間にまで受け継がれてきたのでしょう。

それでは、星はどのようにして炭素を合成したのでしょうか。実は、星の元々の姿は水素のかたまりでした。今から１３８億年の遠い昔、限りなく熱くまばゆい小さな一粒の光から爆発するように生まれた宇宙は、膨張を続けながら温度を下げていきます。そこで、最初にできたのが水素でした。寒い冬の日、お風呂場に立ち込める暖かい湯気（水蒸気）が、冷たい窓につくと水滴になりますね。それと同じ原理で光の滴が水素に変身します。

やがて、その水素たちは、互いの引力で引き合ってかたまりになり、雪だるまのように大きく成長します。そして、この水素のかたまりは、自分の重みで収縮しながら内部の温度を高めていきます。その結果、水素同士は激しくぶつかりながらヘリウムに姿を変えていきます。それは、プラス電気を帯びた水素同士で反発し合うよりも、ヘリウムになってエネルギー的に落ち着こうとするからです。人間世界で、意見が合わないときなど、相手を変えようとするよりも自分が変わった方が解決への道が近くなることと似ていますね。このときの反応でエネルギーが放出され、星は輝き始めます。次に、ヘリウム同士が合体すると炭素になりますが、それには星が長生きすることが条件です。そのためには、引力の大きさや光の速さといったような物理学上の定数が現在あるような値でなければならないことが、計算によって明らかにされています。つまり「宇宙はなぜあるの？」という素朴な疑問を考える脳があることが、今あるような宇宙の構図を決めてしまうということです。考えるあなたの存在が現在の宇宙を生み出した、ということになります。「人間原理」と呼ばれる最先端の宇宙論の考え方です。

★宇宙のはじまり

私たちのこの宇宙は、今から138億年の遥かなる昔、何もないところから、限りなく熱くまばゆい小さな光のひとつぶとして、まるで爆発するかのように突如、しかもさりげなく生まれたとされています。ビッグバンです。いかにも神話的、あるいは、メルヘンのようにさえ感じられますが、今では単なる仮説の域を出て、証明可能な現代科学からの結論になっています。

たしかに、宇宙の誕生とは、空間と時間の誕生を意味しています。ところが、空間の誕生には、それを生み出す元になる空間がなければなりませんから、いきなり〝何もない〟ところから空間が生まれるといわれても困ってしまいますね。一方、時間の誕生についても、誕生にはその前と後という区別があり、暗黙の中に時間が仮定されているのですから、世間の常識ではどう理解したらいいのか困ってしまいます。物理の世界では、何もないことを、私たちの意識では判別できない状況であると考えます。つまり、最近の脳科学によれば、私たちの感覚は、変動に対してだけ、感知できる仕組みになっていることが明らかになっています。同じ音を聞いていると、いつのまにか、気にならなくなって、いわば、聴こえていない状態になります。つまり、変化のないのっぺらぼうな状態を、何もない状態だと考えます。そこに、何か、変化が起こると、あたかも、何かが生まれたかのように感じるというわけです。

実は、この最初の変化が宇宙のあらゆる方向からやってくる微弱な電波の中に見つかっていて、それをもとに、コンピューターでシミュレーションを行うと、今あるような星空の模様が再現できたところから、ビッグバンが証明されたのです。それにしても、爆発するように始まったという宇宙のエネルギーは、どこからやってきたのでしょうか。私たちは、もともと、宇宙の中にはプラスとマイナスのエネルギーが等量あって、バランスしているときには、私たちの目には映らず、いったん、バランスがくずれると、宇宙の誕生といった形で目に見えるようになると考えています。

実は、初期の宇宙が小さな光の粒だったということは、その小さな領域にすべてが閉じ込められていて、強大なマイナスのエネルギー状態にあることを意味します。小さなくぼみに水が流れ込むのは、地下のマイナスの世界に水が閉じ込められることであり、小さな突起に水がぶつかると、跳ね返されてさまようのは地上のプラスの世界です。

したがって、宇宙の開闢《かいびゃく》とは、小さな粒の中に閉じ込められていることによる巨大なマイナスの重力エネルギーが、爆発という運動のエネルギーになって開放されるということだったのです。全体でみれば、宇宙内のエネルギー量は不変です。これは、宇宙を支配する最も根源的な目には見えない性質で、エネルギー保存法則とよばれています。物質にも、自然現象にも、感情にも左右されない永遠の真理は、目には見えません。そう考えてみると、目に見えない数学の論理に支えられた奇想天外なメルヘンが現代宇宙論だともいえます。人は考えることにおいてのみ自由でいられるものです。

このことを、数学の世界の言葉でもう少し掘り下げてみましょう。例えば、私たちは「点」の存在を確信していますが、実際に点を描くことはできません。点とは、場所だけを指定するもので面積を持っていてはなりませんが、どんなに精密な筆記用具を使っても、面積なしの点を書くことは不可能です。しかし、太陽の周りを回る地球の運動は、太陽も地球も、重さのすべてが、一点に集中している点として計算することによって、現実の問題がきれいに解けてしまいます。実際の縮小スケールでいえば、太陽の大きさを直径10センチのリンゴであるとすれば、地球は、そこから10メートル離れたところにある直径１ミりの砂粒であって、決して、大きさのない点ではありません。にもかかわらず、点として考えてもいいというのが、数学の妙味です。

さて、私たちの宇宙は膨張していて、その大きさが1センチだった頃《ころ》……などという表現をしますが、それは、広い空間の中での1センチという意味ではありません。宇宙の誕生とは、空間そのものの誕生なのですから、始めから空間があっては困るのです。この場合の大きさとは、現在の宇宙の観測データから、誕生間もない頃の物質密度が理論的に推測されますが、その密度になるように、今宇宙の中にあるすべての物質が詰め込まれたとすれば、1センチの大きさになるという意味なのです。

一方、時間については、虚の時間から実の時間に移った瞬間が、今、私たちが経験している実時間の誕生であると考えます。あたかも、負から正に向かって延びている座標軸の原点ゼロを誕生と考えるようなニュアンスです。世間では、宇宙の誕生を、とても神秘的、超自然的なことのように受け取りがちですが、数学の言葉を使えば、当たり前の出来事なのです。それを日常言語に置き換えようとすると、話はややこしくなり、極端な場合は、宗教色さえ帯びてきます。最先端の科学を一般の人たちに語ることの難しさがここにあります。それは、科学の言葉を使って、実利に結びつけようとする疑似（＝エセ）科学の温床にもなります。それを助長するのが、ネットや通俗本から最先端情報が日常言語の形で手軽に得られるという〝負〟の利便性です。学問の理解に早道はありません。基礎からの習得が不可欠です。

★この世界に働く法則

「夕ぐれの時はよい時、かぎりなくやさしいひと時……」。これは1919年に出版された堀口大学の詩集『月光とピエロ』に収められている名作の冒頭部分です。

一年の中で、この一節がぴったりするのは、春の訪れを迎えた頃ではないでしょうか。夕ぐれの中にそこはかとなく漂う遠い昔のなつかしい移り香を思い起こさせるようでもあり、その一方では一抹の寂しさと希望とやさしい肌触りが混在した夢幻への入り口のようでもあります。とりわけ、夜の訪れとともに桜の淡い色合いが密度を増してくるようなこの季節の夕ぐれは、あたかも天がそこまで下りてきて花と一体化してしまうような不思議な風情に満ちています。ほんのりと香る梅の花に始まり、三日月の淡い光にてらされた桜のはなびら、そして、静まり返った里山のふとした斜面で、人知れず、夢みるように大きなまなこを見開いた白もくれん、いずれも、ふだんとは別の時間が流れているような世界です。同じ風景を見ても、人の感じ方は、そのときの環境や状況によって大きく変わります。

たとえば、電車やバスが走り出す時には、進行方向と反対向きに引っ張られるような力を感じます。逆にブレーキがかかれば、前のめりになりますし、左にカーブするときには、右側に引き寄せられるような力を感じます。エレベーターが上に向かって動き始めた時には、体重が増えたように感じ、一定速度になると、違和感がなくなります。しかし、停止する瞬間には、一瞬、ふわっと軽くなったように感じます。

これらは、いずれも、物体はいつまでも同じ状態であり続けようとする性質（慣性）の表れです。たとえば、直進しているバスに乗っている人は、バスといっしょに直進したいのに、バスが左に曲がろうとすると、バスの床の上に固定されている足が左にすくわれることになり、その結果、体が右に引っ張られるように感じるのです。つまり、自分が置かれている状況の変化が「みかけの力」を生み出すということです。極端な例ですが、遊園地などで、高い塔の上から一気にゴンドラが落ちる乗り物がありますが、落下の最中に、手にもったリンゴを離すと、人もリンゴも同じように落ちますから、あたかも空中に浮いているように見えます。無重力体験です。これも、落下という運動が、重力を打ち消すような「みかけの力」を生み出す結果、すべての力がなくなったかのように見えるのです。

このように、私たちの身のまわりに存在する力の中には、そのときの状況によって生みだされたり、消滅したりする「みかけの力」がたくさんあります。それは、実際に存在する力というより、自分の状況が仮想的に作り出している力だともいえます。日常生活でいえば、自分の心の持ちようによって、生み出される力のようなものです。その時の心の状態で、ささいなことでも、周囲の圧力であるように感じたり、他者の目には、つらい練習のように映っても、目標達成への道だと思えばつらく感じないということもあるでしょう。

私たちが見ている世の中の情景は、すべて、外界と心が互いに影響を及ぼしあいながら、心のスクリーンに映し出されている映像です。となると、ものごとの正しい判断には、今、自分がおかれている状況を客観的に見極めることが大切です。

ところで、宇宙の「からくり」に目を転じて見ると、ものごとの形成には、ちょっとしたきっかけが増長されると、ある時点で、反対向きのブレーキがかかることによって実現します。星の形成を例にとれば、宇宙の中には、一生を終えて爆発した星のかけらがたくさん浮遊して勝手きままに動いていますが、ある瞬間に、それらの星のかけらが近づいて、その部分の密度が大きくなると、互いの間に働く引力によって、くっつき合い、小さな塊になります。すると、そこに重さが集中しますから、周りに及ぼす引力の大きさが、さらに強まり、雪だるまをころがすときのように、大きな塊へと成長します。しかし、ある大きさに達すると、その重みで中心部がつぶれて温度が上がり核融合反応の火が点《つ》きます。ここで、つぶれようとする力と、核融合反応の力で拡《ひろ》がろうとする力が均衡に達し、星が誕生します。つまり、一方向への動きがエスカレートすると、ブレーキがかかって、均衡を保つというのが自然の性質です。

さて、世の中は、すべて反対の性質が拮抗《きっこう》しながら、バランスを取らなければ存在しないようにできています。椅子に座っていられるのも、地球から体に働く引力と、その反作用として椅子が体を持ち上げようとする力が釣り合っているからです。

それでは、年齢を重ねるということはどういうことでしょうか。自動車の運転に絡めて、私自身のことを考えれば、確かに加齢とともに、動体視力、外的変化に対する反応能力は減退し、遠距離運転も億劫《おっくう》になります。しかし、その半面、運転できることの幸せを若い時以上に感じるようになってきました。それは、自動車というものに、自分の生活が支えられているという実感が以前にも増して強く感じられるようになってきたからです。

ところで、人と人との間のいい関係にも、対向する性質のバランスがあります。例えば「代償を求めない愛」だと言ってみても、実は、無償の愛を注ぐことによって、それを喜びと感じているからであり、そこには与えるものと与えられるもののバランスが取れています。お互いが、そのバランスに気付かなければ不均衡が起こり、破滅へと向かいます。その不均衡を起こさないための方策はただひとつ、自分と相手の立場を入れ替えて想像できるか否かにかかっています。実は、年を重ねていくことのメリットのひとつは、人生経験の豊富さが、立場の入れ替えに対しての敷居を低くできることにあります。それは、諦《あきら》めにも似た情動ですが、一方では物事の意味が明らかになる「明らめ」だともいえます。この考え方をさらに展開すれば、失敗だと思うよりも、そのやり方では、うまくいかなかったということが明らかになったと思えば、意気消沈しなくてすむことにもなります。健康的な加齢は、現状を受容する能力の拡大にも役立っているようです。

★静止のごとく回る地球

春分の日と秋分の日は、太陽が真東から昇り真西に沈み、昼夜の時間が同じになる日です。この昼夜の長さの変化は、自転軸が傾いたまま地球が太陽の周りを回っていることから生じています。

さて、地球の自転速度は、緯度にもよりますが、日本付近では時速1500キロメートルくらい、公転のスピードはおよそ時速10万キロメートルです。そして、太陽は太陽系全体をひきつれて、ヘルクレス座の方向に向かって、時速7万2000キロメートルの速さで旅を続け、ヘルクレスの星々を含む恒星団は、太陽系を巻き込んだまま、半径3万光年の円を描いて、時速110万キロメートルというすさまじいスピードで、銀河系の中心に対して回っています。何ともめまぐるしい世界ですが、そんなスピードで宇宙を駆け抜けている私たちには、動いているという実感がありません。なぜでしょうか？

エレベーターに乗って昇降する時のことを思い出してください。動き始めや停止直前には、自分の体重が重くなったように、あるいは、軽くなったように感じますね。一定速度で昇降している時には、静止している時と区別がつきません。また、バスに乗って、発進する時には、後ろ向きに力を感じ、停止する時には前のめりになります。しかし、一定速度で直進している時には、ほとんど違和感はありません。これは、一定の速度で直進運動をしている場合には、止まっている時と区別がつかないということを意味しています。

実は、地球が回っているといっても、人間サイズからみれば、地球はとても大きく、一定速度で直線運動をしていると見なすことができます。丸い地球の上の直線道路が、私たちの目から見れば、曲がって見えないのと同じ理屈です。つまり、地球の運動は感じられないというわけです。

このように、宇宙規模の大きさで考えると、運動には、絶対的な基準はなく、その場所が等速運動をしているか、あるいは速度が変わる加速度運動であるかによって、すべての場所が中心であるかのように感じられるのです。有名なアインシュタインの相対性理論の考え方です。この宇宙には絶対的中心がなくて、すべての場所が中心になりうるなんて、何か不思議ですね。

ところで、２００９年は世界天文年でした。これは、16世紀から17世紀にかけて活躍したイタリアの物理学者で天文学者でもあったガリレオ・ガリレイが、自作の望遠鏡で始めて天空を見上げ、月には、たくさんのクレーターがあり、木星には、そのまわりをまわる四つの衛星があることを発見してから、ちょうど４００年になることを記念して設定されたものです。

この衝撃的な天体観測が、当時のヨーロッパで広く信奉されていた古代ギリシャの哲学者、アリストテレスの考え方に、真っ向から異論を唱えるきっかけとなり、新しい時代の幕開けになりました。

一例をあげましょう。アリストテレスの考えによれば、重い物体は、軽い物体よりも速く落下するとされていましたが、ガリレオは、斜面をころがりおちる物体の運動をくわしく調べて、物体の落下速度は重さに関係なく一定だと推論しました。そこで、真偽のほどは、はっきりしませんが、ピサの斜塔から、重さの異なる二つの球を落として、それらが同時に落下することを示してみせたとされています。

このことに関連しますが、１９７１年8月、アポロ15号の宇宙飛行士、スコットさんが、空気のない月面に立ち、生中継のテレビの前で、鳥の羽とハンマーが同時に落ちることを全世界の人々に披露したことは、とても説得性のある貴重な実験でした。

さて、この落体の法則を見つけるきっかけとなったのは、大きな雹《ひょう》も小さな雹も同じ速さで落ちることを少年時代に見ていたことからの発想かもしれませんし、あるいは、同じ重さの二つの物体を糸で繋《つな》いでも同時に落ちることからの類推かもしれません。そして、天体の観測から、これまで考えられてきたように、太陽が地球の周りを回っているのではなく、太陽の周りを地球が回っていることを発見したのです。

しかし、この考えは、神が臨在するのは、選ばれた地球だけであり、したがって、すべての現象は、地球を中心にして起こっているとする聖書の教えに反するものであるとして、彼は1616年と1633年の2回にわたって、宗教裁判にかけられることになります。そして、万人が、ガリレオの発見を認めていたのにもかかわらず、この裁判の間違いが認められ、謝罪表明がなされたのは、なんと、それから三百数十年の時を経た1992年、ローマ教皇、ヨハネ・パウロ2世によるものでした。それほどまでに、宗教やイデオロギーの見直しには、時間がかかることもあるのですね。

人は批判されれば、防御に走り、それが再び批判されると、どちらかが一方的に判断を下して断罪、ということで打ち切りという構図は、今も昔も変わりません。しかし、人を原子にたとえれば、原子同士が仲良く力を及ぼしあって安定した分子をつくっていくプロセスには、たがいに粒子を交換しあうことによってつくりだす力が関与しているのですから、豊かな社会の創出においても、豊かな相互間コミュニケーションが必要でしょう。その基本は、「自」と「他」のいれかえを可能にする想像力です。

★心の起源は記憶から

晩秋、というより、冬の始まりと言った方がいいのかもしれません。夜空を見上げると、白鳥座のデネブと七夕の星、ヴェガとアルタイルが作る夏の大三角形は西に大きく傾き、天頂付近には秋の大四角形、ペガスス、その近くには、私たちの銀河系のお隣さん、アンドロメダ銀河が青白く夢みるようにほのめいています。そして、さらにその近くには、明るい木星が大きく目を見開いているかのように輝いています。夜が更けると、東から冬の星座、オリオンの星々が、プレアデス、つまり「すばる」に導かれて静かに上ってきます。宵の内は、明るい星も少なく寂しげですが、ひっそりと落ち着いた秋の星空です。

ところで、私たちがもの思いに耽《ふけ》るのは「心」という得体の知れないものをもっているからです。私たち人間は、その心をもつ故に、いろいろの感情を造り出しています。分かっているようで分からないのが「心」ですが、ここで、思い出すのが、宮澤賢治の代表作『春と修羅 第一集』の序文です。〝わたくし〟という存在は「仮定された有機交流電灯のひとつの青い照明」であり、「あらゆる透明な幽霊の複合体」だといい、さらに「風景やみんなといっしょにせわしくせわしく明滅しながらいかにもたしかにともりつづける因果交流電灯のひとつの青い照明」だというのです。そして、心に記録された景色は、幻想かもしれないが、みんなと共通するものであるから自他は融合したもので、その要が心なのだと結論づけています。

賢治独特の難しい表現ですが、その内容を論理的に分析するよりも、ここでは不確かでありながら、なお、確かに存在するという心の不可思議を感じることができれば、それで十分でしょう。このような文学表現の対極にあるのが、無線で使うトンツー、つまり、モールス信号と、それと類似した点字です。それは視覚健常者のエゴイズムを排して、論理的で単純明快であり、表現が圧縮されて密度が増した分、読者に深い心象を与える優れた表記法です。

さて、「もの」と「心」について、かつてデカルトが『方法序説』の中で述べている定義に従えば、「もの」とは、空間の中に場所を占めて見える存在であり、「心」は、物理的に特定の場所を占めることはなく、目にも見えませんが、たしかな存在感をもつ不思議な存在です。しかし、この「心」を生み出している素は、物質の集合体である人間の体です。となると、物質の集まりである宇宙にも意思があるのでしょうか。

ややもすると、オカルトやエセ宗教にも通じそうな危うさを抱えたテーマですが、宇宙の中に人間が包括されているとするのならば、「心」は人間の中にあるのですから、宇宙にも心があるという理屈は通ります。また、極端な考えですが、私たちが自分の顔を見ることができないように、宇宙も自分を見ることができません。そこで、自分の顔を見るための目として138億年かけて人類の知性をつくったという言い方もできます。このことを逆に考えれば、宇宙がこのように進化したからこそ、そんなことを考える人間が生まれたのであって、そこに宇宙の意思があるという議論もでてきます。

しかし、「心」を形成する素は「もの」であるとしても、それは人間の所作に対してつくられた概念です。したがって、宇宙の「心」とは、人間が宇宙と対峙《たいじ》したときに抱く

「心」のありようのことだというのが妥当な解釈でしょう。私たちの目には相手の「心」は見えません。しかし、相手の行動を通して「心」は見えてきます。


「ねえ、センセー、どうして青空って気持ちいいの？」

「たぶんね、今から何百万年か前にね、人類の祖先が、初めて走り回っていたアフリカの大地が、きれいな青空だったからじゃないかな。そのときの記憶が遺伝子の中で、ずーっと生き続いているんだと思うよ」

「ふーん……、今度、結婚するおねえちゃんは、青空みたいに、いつも幸せそうにしてるのはなんでかなあ……。男の人と女の人が好きになっちゃうってなんで？」

「生物はね、子孫を残さなきゃいけないでしょ？　そのためには、男の人と女の人は仲良くしなければ子どもは生まれないし、仲良くするためには幸せだって感じてなきゃだめでしょう？」

「そっかー、それともうひとつ、なんで人間だけがトイレ使うの？」

「いい質問だね。みんなで心地よく生活するためには、清潔にしておきたいでしょう。だから、トイレを発明したんだと思うよ」

ある小学校での特別授業、休み時間でのひとこまです。
考えてみれば、宇宙が誕生し、星が生まれて、その星が光り輝く過程で命の材料が合成され、星の燃料が枯渇して、これ以上光ることができなくなると、星はバランスを崩して爆発します。超新星爆発です。その結果、宇宙空間にまき散らされた星のかけらから、私たちが生まれたのですから、人間はいや応なしに、宇宙の進化や環境に適合する性質を持って生きてきたわけです。

つまり、人間が「心地よい」とか「美しい」と感じる心は、生物として生き延びるための知恵と深くかかわっています。夢みるような恋愛感情も、子どもを育てるには、人間は他の動物と違って、2人が協力しなければ育てられないことから生まれたものでしょう。

人間は、四足歩行から二足歩行を選ぶことによって大きな脳を獲得しましたが、立ち上がることは骨盤を狭くしてしまい、未完成で変形しやすい脳をもった段階で早々と出産しなければならなくなりました。そこで、子育てにも他者の協力が必要になりました。となると、子どもが成長して、手がかからなくなると、恋愛感情も冷めてくるわけで、そこから恋の継続期間はおよそ3年だという現代にも通用する（？）特質が出てきます。そして、期間延長には、免許更新のように新しい視点を見据えてリセットしていく必要が生まれたわけです。

ところで、生物として生き続けるという立場からすれば、たとえば他者に食物を与えるより、まず自分が食べねばなりません。しかし、互いに協力し合わない限り生きられないのであれば、食物を互いに分け合い、共に協力して育て、そして、気持ちを分け合うという能力が必要になります。そこから、他者にも食物を与え、他者のために働くことの喜びが生まれました。利己、利他のバランス感覚を持つことが人間の特徴であり、心も宇宙とともに進化してきたということですね。


話題を「心」に戻しましょう。実は、私たちの命の始まりは今から四十数億年の遠い昔、当時の地球を被《おお》っていた炭素や酸素、水素などが偶然に結びつき、自己複製する物質の誕生が源です。それは、核酸と呼ばれる複雑な物質ですが、それらがさらに絡み合って神経のネットワークが構成されると「記憶」という機能が生まれます。そこから過去、現在、未来の区別が生じ、「時間」の概念が誕生します。未来への認識は死を知ることでもあり、それは宗教へと発展します。

一方、時間の経過によって変化する外界の認識は「空間」の概念を生み出します。実は、心の働きとは一言で言ってしまえば、時間と空間、まとめて「時空」の認識なのです。

考えてみれば、宇宙研究の成果が指摘しているように、宇宙はきわめて巧妙にできていて、宇宙進化のプロセスの中で、何かひとつでも狂いがあったら、今の宇宙や人間は存在しえないことが科学としてわかっています。そういった意味で、宇宙に対して畏敬《いけい》の念を抱き、だからこそ、もっと知りたいと思い、そして人間の所業について謙虚に省察を行うことこそ人間のなすべきことでしょう。

2

響きわたる宇宙の理

小さな粒が世界をつないでいる

「1枚の紙の中に雲が見えますか」と問いかけたのは、ベトナムの禅宗仏教僧で、詩人としても名高いティク・ナット・ハンさんです。ベトナム戦争のさなかに呼吸を中心とした簡単な瞑想《めいそう》法を指導しながら、平和を訴え続けてきたことでも有名です。

さて、冒頭の問いかけですが、紙の原料は樹木のパルプであるとすれば、樹木が育つには水が必要であり、水は雨によって、雨は雲によってもたらされるのですから、1枚の紙の中に木々のざわめきや雨の音、雲の気配を感じるといっても間違いではないでしょう。詩人の想像力と科学のまなざしが見事に調和しているところが素敵《すてき》です。

実は、私たちが日常生活の中で当たり前だと思っていることの中に、自然界の根源的な構造が隠されているという事実がたくさんあります。

例えば、色とりどりのシロップを氷水で割ると、きれいに混ざりますね。なぜでしょう？　そこで、実験をしてみましょう。色の違った金平糖を混ぜるには、容器の中に入れて勢いよく振ればいいですね。もし、金平糖が崩れて小さい砂糖のかけらになれば、より一層均一に混ざるでしょう。このことから、水もシロップも、とても小さな粒々からできていて、勢いよく動いているということが推測できます。さらに、香水のビンのふたを開けると、周りにいい香りが広がっていきますが、これは香りの小さな分子が激しく動きながら空気の分子（正確にいえば、窒素や酸素分子など）の中に混ざっていくからでしょう。

つまり、これらの現象は、すべての物質が小さな粒々からできていて、激しく動き回っていることの証しなのです。万物は原子・分子と呼ばれる小さな粒々からできているということです。

ここで、もう一度、実験してみましょう。金属製のスプーンをきれいに磨いてコーヒーを入れ、その上にミルクを1滴たらして直射日光にさらしてみると、こまかく振動しているのが分かります。「スペックル」と呼ばれていて、目でじかに見ることができる分子運動の姿です。

それでは、コップ1杯の水の中には、幾つくらいの水分子が含まれているのでしょう。6と書いて、そのあとに0を24個つけたくらいの数です。その数の大きさを実感するためにこんな実験を想像してください。コップの中のすべての水分子に色をつけて、それを海に流します。そして、その水が地球全体の海にまんべんなく広がったところで、もう1回、そのコップで海水をすくったとすると、その中には、色のついた分子がなんと400個も入っています！　すごいですね。

ところで、今から2000年以上も前に生きていたキリストや仏陀《ぶっだ》も呼吸していたはずですから、そのことによって体内に取り込まれ、排出された空気の粒々は地球全体に広がっているはずです。そこで、あなたが1回呼吸するたびに、その空気の粒を数百個も吸っていることにお気づきでしたか？　人も動物も、古今東西の区別を超えて、みんなで空気を分かち合い、つながって生きてきたということですね。

★

詩人の世界と科学の目

「だいじなものは目に見えないんだよ。心で見なくちゃね」という謎めいた言葉で有名になった作品は、フランスの作家、サン＝テグジュペリの代表作『星の王子さま』です。ある星の美しい夜、地球に降り立った星の王子さまが、砂漠に不時着した飛行士に対してつぶやくように語る場面です。おそらく作者は、地位や名誉、財産など目に見えるものだけから人の評価や善悪の判断がされる世の中の風潮に、強い違和感と不信感を感じていたのでしょう。

私たちが、通常、「見る」といっているのは、視覚をつかさどる目が認識する景色のことですが、よく考えてみると、同じ景色でも、同じ味の食べ物や同じ音を繰り返し再生するだけのCDでも、そのときどきの心の状態によって違って感じることは、みなさんも経験されていることでしょう。感覚器官は、外界からの物理的刺激をそのまま脳に伝えるだけで、後の判断はすべて脳がしているということです。すべては、「目で見ているのではなく、脳で見ている」ということですね。

あれ？　この景色、いつかどこかで見たような気がする……。夢の中で？　……初めて出会った光景なのに、なにか過去に出会っていたような、そんな経験をしたことはありませんか？　心理学では、既視感などと言っています。現代科学で、そのメカニズムが完全に解明されているとは言えませんが、ものを見ているのは目ではなく脳だということだけは確かなようです。

同じ物体を見ていても、人それぞれの感じ方は千差万別です。視覚に限らず聴覚や味覚などの五感についても同じです。となると、私たちは、世界をありのまま見ているのではなく、見たいように見ているのかもしれません。

真偽のほどは分かりませんが、かつてアインシュタインが実在と心の関係を議論していた時、「もし、月を見る人がいない時、月はあるといえるのか」という疑問を投げかけたという話があります。月の存在が確かな現実である証拠は、月が見える、見えないということ以外に、潮の満ち引きによって地球の自転にブレーキがかかり、年々自転が遅くなっているという観測事実や日食などのような現実の現象の中にもあると言いたかったのでしょう。つまり、目で見えていることだけが客観的な存在の証明にはならないということです。

例えば、「お化けが出た！」と言って子どもが騒いでいる時に、大人の目には何も見えなかったとします。だからといって、子どもはウソを言ったということにはなりません。子どもの心のスクリーンには、確かにお化けが映っていたであろうことを否定する根拠はありません。物理的に目で見たというより脳で見てしまったということでしょう。

ところで、脳で見るということは、あれこれ想像することにほかなりません。この想像の終着点があるとすれば、それは無限あるいは永遠です。それ以上の存在を考える意味がなくなり、思考停止に陥るからです。ところが、一方で私たちの脳は、命を含めたすべての存在が有限であることを知ってしまいました。そこで、この有限と無限を結びつけて人生の意味づけを試みたのが宗教でした。

キリスト教に代表される西欧の宗教では、私たちを含むすべての有限は、神という名の無限の超越的存在の手の内にあり、すべてを委ねるという考え方です。

その対極にあるのがもともとの仏教です。未来を憂い恐れる有限の自分と真正面から向き合い、私たちが望んでやまない永遠があるとすれば、それは不生《ふしょう》不滅の目に見えない何ものかであり、その波間から奇跡的に今というある期間を選んで目に見える世界に生まれてきたのが自分であると考えます。

その根底には、あらゆる「もの」や「現象」は独立して存在するものではなく、すべてが相互に依存しており、輪廻《りんね》転生《てんしょう》の渦の中にあるという考え方です。花も鳥も人間もすべてはビッグバンによって生み出された基本粒子の組み合わせの違いからの産物で、いずれは膨張する太陽にのみ込まれ宇宙に戻るという現代宇宙論のシナリオと、どこか共通するものを感じますね。

星の王子さまのセリフに戻りますが、問題は、「だいじなものは……」というところです。だいじなものは隠れたがる、ということでしょうか。ここで、思い出すのが、室町時代の能作者、世阿弥の風姿花伝第七別紙口伝に登場する一文です。

秘すれば花なり。秘せずば花なるべからずとなり。この分け目を知る事、肝要の花なり。

ここでいう花とは、ひとことで言ってしまえば、芸の極致ということでしょう。では、なぜ、花は隠れていなければならないのでしょうか。ふと、武道の立ち合いでの極意で、相手に構えさせては勝てないという原則を思い起こさせます。言いかえれば、相手に構える余裕すら与えない意外性が最強の武器だということです。

これを芸におきかえれば、観客が「めずらしい芸がみられるのだろう」と期待していては、たとえめずらしい芸を演じても、観客はそれに感動することはない。観客にとって、それが花だと知らずにいてこそ、役者は芸の花を咲かすことができるということのようです。

実は、「心で見る」とは、体の目で見えたものをそのまま現実だと固定化して身構えるのではなく、すべての五感を総動員して、そこから意外性を発見することのように思います。ただ、この意外性は、実際に目に見えていることとは無関係ではなく、はっきりした因果関係で結ばれた奥に潜んでいます。

私たちは、目に見えないブラックホールの存在を確信しています。それは直接、目で見ることはできませんが、目で見える星の挙動が異常であることから、その星に影響を与えている強い重力源としてのブラックホールの存在が予見できるということなのです。この場合、星のあやしい挙動を見るのは体の目であり、そこから、ブラックホールの存在を確信をもって想像できるのが心の目なのでしょう。「心で見る」とは、詩人の世界だけにとどまらず、科学のまなざしでもあるのですね。

★……………フラクタルな自然と人生

「一粒の砂に世界を、一輪の野の花に天を見たいのだったら、手のひらの中に無限を、ひとときの中に永遠をつかみなさい」とうたったのはイギリスの詩人、W・ブレイクでした。いずれも、矛盾に満ちた表現ですが、部分と全体、小さなものと大きいもの、あるいは、一瞬と永遠、さらには空間と時間というようなものまで、あらゆる対極的なものをひとまとめにして同じ目線の中に取り込んでしまうという詩人の大胆な発想に驚かされます。

実は、現代科学が解き明かしてきた宇宙の構造は、この詩人がうたっているような世界に極めて近いのです。例えば、一粒の砂というのは地球をつくっている鉱物の集合体で、かつては、星が光り輝く過程で合成された物質ですから、そこには宇宙全体が投影されています。その一方で、私たちは、地球から3億キロも離れた小惑星から、サンプルを持ち帰る技術を持っていますが、物質を合成して、一輪の野の花をつくることはできません。さりげなく咲いている野の花の美しさの中に、ふと、人知を超えた力、つまり天を感じるというゆえんです。

ところで、植物の形を観察すると、すべてがY字形の枝分かれの繰り返しでできていることが分かります。木の葉の葉脈から、細い枝の分かれ方、太い幹への分岐まで、すべてがY字形の繰り返しです。部分の中に全体のY字形という形が含まれているということですね。

また、古典的なイメージでいえば、原子の構造は、真ん中に原子核という固い芯があって、その周りを電子という粒が回っていると考えます。太陽を中心として、その周りを地球や木星などのような惑星が回っている情景と似ていますね。原子という小さな世界と太陽系という大きな宇宙の構造はそっくりです。

さらにいえば、台所の流しのシンクに流れ込む水は渦を巻いていますが、その形は台風の渦巻きと同じです。それればかりではありません。渦巻き銀河の形もほとんど同じです。しかも、大きな渦巻きを調べてみると、その中に同じような形の小さな渦巻きがたくさん含まれていることもわかっています。まるで、一つの人形の中に、同じ形をしたサイズの違うたくさんの人形が「入れ子」のように入っているロシアの伝統的な工芸品、マトリョーシカみたいですね。

このように部分の中に全体の形が含まれている構造を「フラクタル」と呼んでいて、宇宙の基本的構造の一つだと考えられています。

実は、この性質は、渦巻きや植物のY字形のような空間的な形だけにとどまらず、いろいろな現象の時間変化の中にも存在します。例えば、人間の脈拍の一打ちの時間間隔もゆらゆら変動していますが、この変動を1時間記録してグラフにしてみると、なんと、1分間の変動をグラフにしたものと、そっくりの形をしています。1分間の変動の中に1時間分の変動が隠されているということです。だからこそ、一瞬一瞬をしっかり生きることが、いい人生を生きるということになるのでしょうね。

★ゆらぎの不思議

皆さんは、白紙の上に鉛筆でデタラメに点を打つことができますか？　はじめは調子よくあちこちに打っていても、そのうちに、ふと気がつくと、なんとなく規則的になっていませんか?

私たち人間にとって、デタラメほど難しいことはないのです。デタラメとは、簡単に言ってしまえば、未来に起こることが予測できない状態のことですが、私たちには心があって完全な無意識状態にはなれませんから、どうしても行動が偏ってしまいます。

その一方で、コイン投げは、投げてみなければ、裏になるか表になるかは分からないという意味でデタラメです。しかし、コインの裏、表の重さが均一で、無心に投げたとすれば、投げる回数が多くなればなるほど、裏、表が出る回数は、投げた回数のちょうど半分の値に近づいていきます。つまり、デタラメであることが、それぞれの面が出る回数は同じになるという規則を生みだしているのです。数学の言葉で言えば、裏、表が出る確率はいずれも2分の1だということです。

実は、詳しいお話は煩雑になるので省きますが、放射性物質から出てくる放射能の強さが半分になるまでの時間(半減期ですね)が、その物質固有の時間として決まっているのも、放射線を生み出す根源となる原子の中の崩壊がデタラメに起こり、全く予想がつかないことが原因です。このように人間がコントロールできないデタラメの性質に支配されているところに放射線の怖さがあります。原子や分子には心がありませんから、その振る舞いは、基本的にはデタラメだということです。

ところで、私たちの周りにある自然界は、たくさんの小さな粒々、つまり原子、分子からできています。そして、互いに衝突したり、近づけば力を及ぼし合ったりしながらひしめき合っています。言い換えれば、心を持たない粒子たちは、自由奔放にデタラメに動きたいのですが、自分の周りにはたくさんの粒子たちがいるので、思うようには動けません。つまり、個々の粒子たちの動きは、全くデタラメで、予測できませんが、それらの粒子たち全体の動きは、コイン投げの時と同じように予測可能なのです。

自然界の現象の多くは、自由に動きたい気持ちと動けない環境とがせめぎ合っていて、その結果、予測できないことと予測できることが半分ずつ混じった変動をしています。これを「f分の1ゆらぎ」と呼んでいます。例えば、自然風の風速変化、星のまたたきの光度変化などがそうです。

それにしても「風」って不思議ですね。風そのものの姿は見えず、風が通り抜けた跡ばかりしか見えません。「風の音」といってみても、風に音があるわけではなく、風が何かものにあたって音をたてているだけです。

芝山かおるさん作詞、サトウハチローさん補作の童謡「かぜさんだって」は、風のそんな不思議な特徴を次のように描いています。

かぜさんだって
おててがあるよ　ほんとだよ
おまどをとんとん　ほらね
たたいているよ

かぜさんだって
おくちがあるよ　ほんとだよ
くちぶえふきふき　ほらね
どこかへいくよ

かぜさんだって
おめめがあるよ　ほんとだよ

えほんをぱらぱら　ほらね
ながめているよ

かわいい詩ですね。たしかに風は見えません。しかし、窓をたたいたり、絵本をめくったりするから風は実在するというのです。見える世界の現象から見えない世界の真理へと橋渡しするのが科学ですが、科学とこどもの世界はとても近いところにありそうですね。

実は、人類の歴史始まって以来、多くの哲学者や詩人たちは、この見えない風の意味と向き合いながら、風の中に自分の写し絵を求めてきました。いえ、彼らばかりではなく、私たち宇宙の研究者もその例外ではありません。私たちにとって、宇宙の様相は宇宙空間を長い時間かけて旅してくる光や電波を手がかりにして知る以外に方法はありません。ですから、地球という宇宙の浜辺に立って、宇宙から吹いてくる光や電波の風に身を委ねながら、聞き耳をたて、宇宙の果てに想いを馳《は》せている子どもの姿にも似ています。

さて、ヘブライ語で風のことを「ルアッハ」といいます。語源は「息」で、目には見えない命を支える根源という意味から、神の「霊性」あるいは聖霊という裏の意味も含んでいます。

そういえば13世紀ごろ、イタリアの神学者トマス・アクィナスが「神の存在証明」を提唱していますが、そのポイントは世界はたくさんの動きで満ちていて、それらのすべてには動かす原因があるわけですから、一番最初の運動をひき起こす原因となったものが神の一撃だったという論法がとられています。この考え方は、現代宇宙論での「ゆらぎ」を思い起こさせます。原子分子の世界にまで目を向けると、すべては「ゆらぎ」で満ちていますが、なぜ「ゆらぎ」が存在するのか、その原因は分かりません。というより「ゆらぎ」がなければ、宇宙が成り立たなかったのですから、その原因をつきとめる論議ができないのです。その背景には、全く「ゆらぎ」がない状態は、一様で他との見分けがつかないわけですから、私たちの認識を超える状況で、言い換えれば、宇宙が始まる前の状態だったことに対応します。原因もなく起こった「ゆらぎ」こそが宇宙の始まりだったということですね。しかも、宇宙開闢の瞬間には、今あるような物理法則は破綻してしまう極限状態だったことが推測されますから、本当の始まりは永遠に霧の中です。しかし、宗教も科学も人間の心の産物ですから、究極の「はじまり」の問題については、互いに歩み寄れそうな気がしています。

私たちの精神活動も例外ではなく、気分が落ち着いている時の脳波の電圧変動も同じようにゆらいでいます。音楽でも、次に出てくる音が予測されてばかりだと退屈になってしまいますし、唐突すぎると落ち着きません。予測できないことと予測できることが半分ずつ混じっていることが美や快適さとも関わっているようです。

人生も同じで、未来は半分予測できて半分予測できないからこそ、明日への希望が持てるのでしょう。人間の心も自然界の一部だと言ってもよさそうですね。

★……………見える現象から見えない世界の真理へ

都会の喧騒《けんそう》を離れて深い森の中に入ると、そこには、心が洗われるような神秘的な爽快感がありますね。実は、その原因が、森の中に満ちていて、ふだん、私たちの耳には聞こえない音にあることが、最近の研究でわかってきました。

森の中の音を調べてみると、木の葉のすれ合う音や風の音の中に、私たちには聞こえない50キロヘルツから100キロヘルツという超高周波音がたくさんあって、しかも、それらの音を私たちの脳が無意識的に感じとり、その聞こえない音が爽快感をもたらしていることが脳の研究実験で判明しています。聞こえない音を脳は聞いているということですね。これは、人間の祖先が数百万年前から森林の中で生活してきたことによって培われた機能なのでしょう。

ところで、みなさんがお持ちのCD、これは、可聴限界を少し超えた22キロヘルツ以上の音をすべてカットしたデジタル録音です。一方、CDが出る前のLPレコードは、針が録音盤とすれあうことによる雑音はありますが、高い音の限界はきめられていません。つまり、レコードの中には、聞こえないはずの音まで入っているというわけですね。同じ音源から、CDとLPの両方におとした音で比較してみると、雑音はあるけれども、明らかにLPの音の方が自然音に近く聞こえてくることも実験で明らかになっています。

聖堂の中で鳴り響くパイプオルガンの音に宗教的荘厳さを感じるのも、パイプからじかにでてくる音には可聴範囲を超える音が含まれているからです。しかし、私が練習用に使っている電子オルガンは、電気的につくられたデジタル音ですからCDの場合と同じで荘重な雰囲気はありません。電子ピアノの音やシンセサイザーの場合も同じです。

一長一短はありますが、聞こえない音を聞いている人間本来の脳と、物理的可聴域で音域を制限してしまった近代文明との間のギャップが気になります。

★……………………見えない世界に惹かれる

昔、中国の「杞《き》」という国に一人の男が住んでいて、毎日、空を見上げては、天が落ちてくるのではないかと心配になり、夜も寝られなくなったという言い伝えがあります。よけいなことを心配するという意味の「杞憂」の語源になった話です。

でも、よく考えてみれば、地球の周りを回っている月が落ちてこないというのも不思議ですね。というより、回っているということは、見方を変えれば落ち続けるということなのです。たとえば、地表面にそって石を投げると、ある距離だけ飛んだところで地面に落ちますね。速度をどんどん速めていくと、より遠くまで飛んでいき、秒速8キロくらいになると地球の周りを回り始めます。つまり永遠に落ちつづけることが周回するということなのですね。

この落ち続ける運動をひきおこしている原因は、地球と月との間に働いている引力です。

潮の満ち引きの原因にもなっている引力です。

じつは、重さを持っているすべての物体は例外なく引力を作り出すことがわかっています。「万有引力」といいます。私たちが丸い地球の表側、裏側に関係なく地上に立っていられるのも、地球と人間との間に引力が働いているからです。では、その引力はどこから生まれるのでしょうか。

どんなに目をこらしてみてもまったく見えない引力って不思議ですね。そこで、科学者は考えます。

伸縮性のあるマットを広げて、その上にテニスボールをおいてみましょう。少しへこみますね。今度は、重い鉄球をおいてみましょう。大きくへこみます。同じ重さのものでも、大きさがより小さいボールほど、また、同じ大きさであっても、重いボールほど、深く沈みこみます。つぎに、マットの上でビー玉のような小さな玉をころがしてみましょう。平らなところは真っすぐに進みますが、へこんだ部分にさしかかると、あたかもそこに吸い寄せられるかのように、へこみの中に落ちていきます。

つまり、重さを持っている物体の周りの空間はゆがんでいて、それが引力を生み出すと考えるのです。さきほどの例でいえば、重くて小さな物体ほど、周囲の空間をゆがめ、強い引力を作り出します。何でも吸い込んでしまうブラックホールの正体です。アインシュタインが提唱した相対性理論の基本です。

私たち人間の世界でも、ある人がいるかいないかで、その場所の雰囲気が違ってくることがあるでしょう。空間そのものの変化は目に見えませんが、その影響を受ける周りの人の状況から、目には見えない空間の変化を感じることができます。法則は数式で書くことはできますが、法則そのものは目に見えません。これが科学の特徴です。目に見えない法則を適用することによって、目に見える世界の謎が解けるのは面白いことです。

ところで、私たちの地球は、太陽光によって作られる自分の影を、暗黒の宇宙空間に投げかけながら太陽の周りを疾走しています。そして、太陽と地球と月が一直線に並ぶと、月面に地球の影を落としますが、それが月食を引き起こします。

さて、みなさんは皆既月食をごらんになったことがありますか？　私たちが普段見ている月の姿は、満月ならば、丸いお盆のようであり、欠けていれば、まるで切り紙細工のように見えます。しかし、皆既月食の時だけは違います。地球が作る影の中にうっすらと回りこむ太陽光と地球大気の影響で、そのときばかりは、赤銅色の球体に見えます。その妖しいまでの姿は、宇宙空間にぽっかりと浮かんでいる巨大なボールで、今さらながら宇宙の不思議さが怖いほどの迫力で伝わってきます。

私たちが日常生活の中で出会っている平べったい月の姿は、仮の姿でしかないということですね。つまり、私たちが普段見ているものは、見えていない本当の世界の中のほんの一部分だけだということです。


実は、この宇宙の中に存在するすべての物質は、一般的には素粒子と呼ばれる基本粒子からできていることが分かっています。水を例にとれば、水分子は水素原子二つと一つの酸素原子が結合したものです。そして、それぞれの原子は、陽子と中性子というさらに小さな粒子からできている原子核を中心にして、その周りを雲のように取り囲む電子という粒子からできています。太陽も地球も、私たちの体も、すべて原子の集合体ですが、それらの原子は、例外なく素粒子からできています。

宇宙の大きさと、その中に含まれる素粒子たちの重さを計算してみると、宇宙の大半は、カラッポに近いことがわかっています。たとえて言えば、宇宙の大きさを地球くらいの体積だとすると、その中に入っている物質全部の重さは小さなアリが3匹くらいになります。となると、あとのカラッポの部分には、物質がないのですから、文字通りの真空だと思いたくなります。しかし、最新の宇宙研究が示すところによれば、そのカラッポの部分は「暗黒物質《ダークマター》」と呼ばれる謎の物質で満たされているらしいということが分かってきました。これは、物質といっても、これまで、私たちが考えてきたような物質ではなく、その詳しい性質はいまだに霧の中です。どのような観測装置を使っても直接見ることはできません。目に見える銀河が渦巻いていることの理由や、遥《はる》か彼方《かなた》の銀河の形が、変形して見えることなどから、理論的に存在が確かめられているだけです。

つまり「暗黒物質」は、私たちが知っている原子分子でできている普通の物質を突き抜けてしまって、まったく反応しないので、観測にひっかからないのです。ということは、私たちの体も突き抜けているのでしょうね。そのほか「暗黒《ダーク》エネルギー」と呼ばれる未知のエネルギーもあるらしいのです。このようにまったくつかみどころのない物質やエネルギーによって、自分が存在していることを理解できる人間の脳の働きこそが、宇宙一番の不思議かもしれません。

ところで、最近になって、未確認飛行物体（UFOですね）を見たとか、宇宙人と交信しているとか、極端な例では、宇宙人が家に遊びにきたとか、誘拐されたとか、あるいはスピリチュアルなコンタクトといったような経験談（？）を真面目に話す人たちがふえているのが気になります。これらも、科学的な客観事実とはほど遠い通常見えない世界の話ですが、その人たちの心のスクリーンに映っていることは事実なのでしょう。

そのような超常現象体験の一部は、「金縛り」についての最新の脳神経科学研究が突破口になって、かなり解明されてきているようです。いずれも、環境と個人との関わりの中で生じる心理的な不安からの無意識の解放願望だとも言われています。

さて、学問レベルとして宇宙に隣人はいるのでしょうか。望遠鏡の発明や電波技術の進歩などで、人類は未知の宇宙へと視野を広げてきました。歴史的には、火星の表面にしま模様が見えることから、それは火星人による人工建造物であるとされて、火星人襲来というSFまで出現しました。

実際に火星探査機を送り込んでみると、生命のはっきりした痕跡はえられず、火星人は姿を消します。ところが、近年、天空から飛来する隕石《いんせき》の中に生命のもとになるアミノ酸が発見され、宇宙電波の解析からは、地球上の生命には不可欠な基本物質が宇宙の中には満ちあふれていることがわかってきました。しかも、観測技術の著しい進歩によって、地球型の惑星がたくさん発見されてくると、にわかに宇宙人が現実味を帯びてきます。

まだ見ぬものに会いたい、知りたい、そして学びたい。人類は知りたがり屋なのです。

その根底には、永遠に憧れながらも、有限の命にはばまれているという矛盾との葛藤があります。そこからの脱却は、幼児が自分の周辺にでたらめに存在する言葉を整理して秩序立てていくことによって言語を獲得するように、自然の論理にかなうように、秩序立てて世界を考えること以外にはないでしょう。専門用語でいう「自己組織化」で、物質から生命が誕生するプロセスがその典型です。

そういった意味からすれば、ちまたで見聞する宇宙人遭遇説を信じているかぎり、ほんとうの隣人として宇宙人が姿を現すことはないでしょう。

見えない時間の情景

美しい紫陽花《あじさい》の季節、6月。さらさらと耳に心地よい雨音は、遠く過ぎ去った時間をたぐりよせてくれるかのようでもあり、どこかの時間の中に漂っている「あこがれ」を連れてきてくれそうな気配もあります。それは、繊細な過去の記憶かもしれないし、まだ見ぬ未来への切なる願いかもしれません。暗い沈黙へと沈みこんでいくような雨音の中に潜む不思議な音の力です。

私たちには五感というものがあって、目で見たり、耳で聞いたり、味や香りの世界に触れたり、あるいは手触りで外界と触れ合うことなどを通して、私たちを取り囲む世界を認識しています。それらは、いずれも確かな身体感覚として、実感されています。私たちを包み込んでいる空間とは、感覚的につながっているということですね。

その一方で、時間は、見ることもできなければ味わうことも手で触れることもできません。時間は時計の文字盤の上にありそうな気もしますが、よく考えてみると、針がどこかにあるかで、何となく時間の経過を計っているだけで、そこに時間そのものがあるわけではありません。でも、何かが過ぎ去っていくような感覚はありますね。5分間だけでも目をつぶって再び開けてみると、周囲の状況は確かに変わっています。時間が過ぎ去ったからです。しかし、時間そのものは見えません。時間があることは誰でもが知っていますが、いざ、時間とは何かと聞かれると困ってしまいます。

私たちの日常生活の中でも、楽しいときはあっという間に過ぎ去り、退屈な時間は、なかなか過ぎ去ろうとしません。ということは時間が過ぎ去る速さというものがあるのでしょうか。でも、速さを計算しようとすると、例えば、距離を時間で割るというように、その割り算の中に、求めたい時間が含まれてしまうので、堂々巡りになって時間の速さの計算はできないのです。

もちろん、音も見ることはできませんが、電気に変換することによって、見えるような形にすることは可能です。味についても、例えば、果物の糖度を数値化するなど、可視化はできます。しかし、時間だけは、私たちの五感で感知できる範囲を超えていて見ることはできません。確かに、私たちは、同じ動作が規則正しく繰り返される回数から過ぎてゆく時間を感じています。それが時計です。しかし、規則正しい繰り返しといっても、それが本当に規則正しいのかどうかは、それを確かめるためのさらに正確な時計がなければ分かりません。またまた、堂々巡りになってしまいました。私たちは、時の経過を正確に計る究極の時計など持ち合わせていないのです。だからといって、それは、時間そのものの姿を見ているということにはなりません。

さらに言えば、過ぎ去るものには、必ず速さというものがありますが、時間が過ぎ去る速さを測る方法はありません。なぜなら、時間というものの姿は見えず、それが本当に存在する実体なのかどうかさえ、はっきりしていないからです。とはいっても、私たちは、日常生活を通して、時間の存在を身体的感覚としてはっきり感じていることは万人の認めるところでしょう。

実は、私たちの体を形成している細胞の中には時計遺伝子というものが組み込まれていて、およそ12時間周期でたんぱく質をつくったり消滅させたりしています。それは、地球の自転に合わせて朝になれば、血圧を上げて仕事を始める準備を整えたり、夜になれば、睡眠の準備をするという時計の役割をしています。さらに呼吸や心臓の鼓動も繰り返し現象ですから時計です。つまり、体の中で起こっている繰り返し現象を心が時間として感じているようです。生きているということは、目には見えない時間をつくり出しているといってもよさそうですね。

この自然界で生起しているすべての現象を演劇にたとえれば、空間という舞台の上に、演者としての物質があり、時間とともに変容していくドラマのようなものです。ここで、謎に満ちた時間を空間と物質の中に溶け込ませて一体化しようとしたのが、アインシュタインの相対性理論でした。東西南北、上下という立体的な三次元空間の中にもうひとつ、見えない時間の一次元的な広がりを空間の一部として取り込み、全体で四次元空間（時空ともいいます）にしたのです。

実は、私たちの世界が縦、横、高さという立体的な三次元空間であることを認識している目の網膜は、お椀《わん》のような形をした二次元曲面で立体ではありません。その面上に集まった情報を脳が整理して世界を三次元立体という姿で見せてくれているのです。ですから、現在の網膜の構造で見られるのは三次元までで、その先の時間を見るには力不足なのです。もし、将来、網膜が三次元立体に進化したら、時間が見えることになるのかもしれませんね。

★

すべては〝今〟の中に

春暮れてのち夏になり、夏果てて秋の来るにはあらず。春はやがて夏の気を催し、夏よりすでに秋は通ひ、秋はすなはち寒くなり、十月は小春の天気、草も青くなり梅もつぼみぬ……

〝つれづれなるままに〟と筆をおこした兼好法師の名作『徒然草』の中で、私が一番好きな個所です。ここで、10月と書かれているのは、旧暦ですから、今でいえば11月、すっかり寒くなった頃を指します。季節は、片時もとどまることをせず、静かに、そして着実に時を刻んでいるようです。それは、過去からの集積が現在となり、そして、現在の中に、すでに未来が含まれているとする古来からの時間論を体験しているかのようです。

つまり、4世紀から5世紀を生きた初期キリスト教会最大の教父、アウグスティヌスが代表作『告白』の中で提示している時間、あるいは、それより1世紀ほど昔を生きた南インドの僧、ナーガールジュナ（龍樹）が「中論」の中で説いた時間論です。いずれも、過去は過ぎ去ったものであるから存在せず、未来は、未《いま》だ来ていないものであるから存在せず、だとすれば、存在するものは、過ぎ去ることをしない「永遠の現在」であるという考え方です。過ぎ去らない、とするのは、もし、それが、過ぎ去るものであるならば、過去になり、存在しなくなるからである、というのです。厳密な議論はともかくとして、「今をしっかり生きる」という意味において、感覚的にはとても素敵《すてき》な考え方ですね。

「未来だと思っていたのはバックミラーに映る過去だった」。カナダ生まれの英文学者で、ユニークな文明批評家だったマクルーハンの有名な言葉です。この何気ないひとことの中に時間の不思議をひもとく重要なヒントがあります。

時間とは何かという命題は、人類始まって以来、多くの哲学者や宗教家が取り組んできた重要課題でした。その一方で、私たち一般人が日常生活を営む上では、分かりきったこととして、さほど深刻な課題にはなっていませんでした。しかし、よく考えてみると、時間という概念は、私たちの「いのち」と密接に関わっていて、山あり谷ありの人生をよりよく生きるためには、どうしてもいつかは、向き合わねばならない課題であるようにも思います。

時間は、私たちがどんなに目を凝らしても見ることはできません。さらに、楽しい時はあっという間に過ぎ去り、退屈な時間は、よどんでなかなか過ぎ去ってくれないというのに、時間が過ぎ去る速さを測定することもできません。私たちは時計という機械で時間を計っているかのように思っていますが、それは時の経過を時計の針の空間的位置に置き換えているだけで、時間そのものを見ているわけではありません。つまり、時間と空間は密接に関わっていて、時間は時空という超空間の側面なのです。このことを見抜いた理論が、アインシュタインの相対性理論でした。

私たちが感じている時間は〝何か〟を規則正しく刻むことによって意識しています。例えば、規則正しく繰り返す自然現象として、私たち人類は、月の満ち欠けや地球の自転による昼夜の周期的変化を使っていました。ところが、正確な機械時計が発明されると、地球の自転周期は一定ではなく、月からの引力による潮汐効果でブレーキがかかり、年々延びていて、数億年後には止まってしまうかもしれないことも分かってきました。しかし、だからといって、機械時計が本当に正確であるかどうかは、さらに正確な別の時計が必要になります。つまり、繰り返しになりますが、私たちは、時間を計る基準となる正確な時計をもっていないのです。

考えてみれば、生きている私たちの体の中には、時計遺伝子とよばれる物質があって、地球の自転に合わせて、細胞の中に12時間周期で、たんぱく質を作ったり、壊したりしています。まるで砂時計ですね。この働きが生体の中で、何かを刻む時間をつくりだしているのです。言い換えれば、時間の実体はなく、生きていることが創《つく》り出している美しい幻想だといってもいいでしょう。そういった意味からすれば、過去も未来も現在の記憶の産物であり、今、ここで生きているという実感こそが、時間であり、生きることは、自分の時間をつくっているという営みだといえます。

さて、私もこの歳になってようやく公職から解放されました。振り返って思うのは、人は一生のうちで、どれくらい自分自身のための時間を使うことができるのか、ということです。1日24時間の大半は睡眠や食事と勤め先での時間にとらわれ、自分1人になれるのは2時間くらいかもしれませんね。年間250日勤務するとすれば500時間。それに加えて、年間の休日を100日として、1日あたり純粋に自分のために使える時間を5時間だとすれば、年間通して500時間。就職してから定年までの期間を40年とすれば、自分のための時間は4万時間になります。

それでは、定年になった後はどうでしょうか。今までの勤務時間に通勤時間を加えた11時間くらいが1日あたりの自分の時間になるでしょう。年間でいえば、およそ4015時間です。定年後10年弱で、勤めていた頃の40年分の自分の時間が確保できるということになります。定年後にやってくる第二の人生の意味です。

ここで、ふと思い出すのが、ローマの哲人、セネカの言葉です。「人生が短いのではなく、短くしているのは、ほかならぬ自分自身である」。すべては心の持ちようが自分の時間を決めているということです。

そういえば、19世紀、ドイツ生まれのアメリカの詩人、サムエル・ウルマンも「青春」という詩の中で「青春とは人生のある期間ではなく、心の持ち方をいう。年を重ねただけでは人は老いない。理想を失うとき初めて老いる」といっています。心と時間の不思議な関係です。

ところで、はじめて出会った人でも、ずいぶん昔からの知り合いのように感じたり、昨日会ったばかりなのに、もう1か月も会っていないように感じることがあるでしょう。これは、脳の中に起こる記憶の分子配列と関わりがあるようです。

机の上を整理しても、いつのまにか乱雑になります。自然の時間は物事を乱雑化する方向に進みます。そして、特に関心が強い刺激があると、乱雑になるまでの時間が短くなり、したがって次の刺激を求めないと記憶が持続しなくなります。つまり、人と人との出会いも、初めて会ってから3回目くらいまでに盛り上がらないとその後のいい展開は期待できません。これは経験則にもなっていますね。

恋愛感情だけに限らず、対象が物事であっても同じで、心模様にも物理学の法則が働いているのは興味深いことです。

私たちは、広大無辺な宇宙という大海原のなぎさに立っています。見上げる星々は、はるかかなたにあり、しかも、そこから今、私たちの瞳に届いた光は、ずっと昔に、その星を旅立った光ですから、見えているのは、過去の姿です。冬の空に燦然と輝くオリオン座の姿はおよそ数百年前の姿であり、その近くで全天一、明るい光芒《こうぼう》を放っているシリウスは10年前の姿です。つまり、星を見上げるという行為は、遠いところから近くまでの空間の広がりと、過去から現在までの時間の厚みを〝今〟という瞬間に凝縮して見ているということです。それは、宇宙からやってくる情報を、地球の上で待ち受けているという視点ですが、これを、見る側を主体にして、今、オリオンの星々を見ているということは、私たちのまなざしが、数百年の時をかけて、オリオンに、今、届いたと考えてもいいのかもしれません。「時をかけるまなざし」です。

その一方で、これまでは、地上から空を見上げることしかできなかった私たちですが、今や、探査機を飛ばし、宇宙から地球を見ることを可能にしました。この視点の逆転は、私たちが、宇宙の中の一部に過ぎないという全く新しい世界観をもたらしました。

このように、主体であって、主体でないという、いかにも矛盾であるかのような様態の中に潜む真実と向き合ってみてはいかがでしょうか。

3

なぜ世界は美しいのか

★……………………数学の海に生きる私たち

皆さんは足し算と引き算とどちらが得意ですか。掛け算と割り算ではどうですか。おそらく、引き算よりも足し算、割り算よりも掛け算の方が易しいと感じている人が多いのではないかと思いますが……。

実は、「27－19」という引き算をする場合、頭の中では、まず19にいくつ足したら27になるのか、を考えています。つまり、引き算は足し算をもとにして計算しているのです。

その一方で、「60÷12」という割り算は、12を4倍すると48、6倍すると72、それでは5倍すると……ぴったり60。ならば、答えは5というように、掛け算を繰り返して答えを出しています。このように、引き算、割り算は、単純に計算を進めることができる足し算、掛け算と違って手間がかかり、そのために難しいと感じるのでしょう。言い換えれば、引き算、割り算は、まだ分からない答えを未知数xとして、いろいろ試行錯誤を繰り返しながら答えを求める演算なのです。

実は、ここに、方程式の便利さがあります。分からない答えを未知数xとおいて、全体の条件を満たすようにイコールで結び、それから、ゆっくりと解いていくという方法です。この方程式を簡単に解くことができる手法を編み出すのが数学の一つの役割です。一次方程式、二次方程式などの答えを簡単に求める公式があったことを思い出してください。実際の数を当てはめるだけで、答えを出してくれるのが公式の便利さです。

さて、私たちの日常生活でも、何か事柄が起こった時には、その原因を考え、そこから、未来を推測して、これからどうしたらいいのか判断します。私たちは、未来という未知数を求めるために自分自身の方程式を解きながら毎日を送っているのです。

ところで、私たちの生活は、数なしでは成り立ちません。時間を例にとれば、朝、起きる時刻から始まり、勤務先の始業時刻に間に合うように逆算した時刻に家を出て、勤務先では、午前中に終えなければならない仕事のスケジュールを立て、午後からの会議に出席し、帰宅してテレビニュースを見て、明日の準備をし、就寝時刻を決める……というように、数字にがんじがらめになっています。

また、収入より支出が多い場合は損失が出ますが、それを表すためには、マイナスの数を考えておくと便利です。3個のクッキーを一つずつ食べていけば、残りは、2個、1個になっていきますが、全部食べてしまった場合の状況は、0個、さらに、あと2個食べたいのに不足している状況はマイナス2個と表現できます。小さい数から大きい数を引けないという不便さを克服するために考えられたのが、マイナスの数で、目に見えないけれども、確かに存在する数です。見えないものを想像だけでつくりあげ、そこから真実を紡ぎ出そうとする数学は、まるで、詩の一部のようにも見えてきます。

私たちは、知らず知らずのうちに、数学の海の中で生きているのですね。

さて、私たちは、日々の生活のなかで、絶えず選択を迫られています。それは、コンピューターが、1か0、あるいはオンかオフで計算しているように、脳の中でも神経回路が働いて判断しているからです。あなたがこの本を読んでいるという現実も、たくさんの可能性の中から、本を読むという選択をしたからです。

私たちがくじを引く場合、最初に引いたほうがたくさんの選択肢から自由に選べるので、最後の残りくじを引くよりも有利であるように感じてしまいます。くじに関してだけ言えば「残りものには福がない」ということのようです。でも……。

2本のうちの1本が当たりのくじを2人で引く場合を考えてみましょう。最初に引く人にとっては、当たるか当たらないか2通りのうちの1通りが当たるのですから、当たる確率は2分の1です。後に引く人は、最初の人が当たるか当たらないかによって、結果は決まってしまいます。つまり、最初の人が当たれば、次の人は当たらず、最初の人が当たらなければ、後の人は必ず当たります。これも2通りの場合のうち、当たるのは1通りですから、当たる確率は同じ2分の1です。

では、当たりくじが1本だけ入っている3本のくじを3人が引く場合を考えてみましょう。

さきほどの場合と同じように、最初に引く人は3通りの引き方の中のどれか一つが当たるのですから当たる確率は3分の1です。

では2番目の人はどうでしょうか。最初の人が当たってしまえば、残りの2本のどちらをひいてもはずれです。つまり、このはずれくじを引く場合の数は2通りです。

つぎに、最初の人が当たらなかった場合、最初の人は2本のはずれくじのどちらかを引いたことになり、2番目の人は当たりくじが含まれる2本のくじのどちらかをひくことになります。最初の人が引いたはずれくじ1本について考えれば当たるか当たらないかの2通りがあり、そのはずれくじが2本あるのですから、まとめれば4通りの引き方の中で当たるのは2通りです。

そこで、全体では、2番目に引く人は合計6通りの引き方があって、その中で当たるのは2通りで、当たる確率は6分の2、すなわち3分の1で、最初の人が当たる確率と同じです。3番目の人についても同じです。くじ引きの場合は、引く順序には関係ないという意味で、「残りものには福がない」のです。

このように、最初に引いた方が有利であるかのように感じる日常感覚を正してくれるのが数学です。しかし、感情を伴う人と人との関係では、どちらが先に行動を起こすかによって、その後の事態は大きく変わります。しかも、心で思っていても相手に遠慮してアクションを起こさなければ、立ち消えになってしまいます。

プラスかマイナスのどちらかにゆらぐことによってプラスマイナス0という平衡状態の対称性が破れ、宇宙が誕生した状況に似ています。

60という数字の奥深さ

日本の古い暦のルーツは、中国の戦国時代の陰陽家たちが、世の中や人々の運勢を推し量る考えの基礎としていた五行説です。これは、天地、すなわち私たちを取り巻く自然界は、木性、火性、土性、金性、水性の五つの要素から構成されていて、それらの消長盛衰によって森羅万象が起こるという考え方です。例えば、宇宙の初めは光の海（火）であり、次に星（土）、さらに鉱物（金）、そして水が生まれて草木（木）が芽生えるといった具合です。そして、宇宙は「助け合う関係」と「敵対する関係」のバランスから形成されると考え、それぞれの要素には、陽（兄＝え）と陰（弟＝と）の両面があり、全体で10種類の要素から出来ているとしました。そこで、この10種類の呼び方を分かりやすくするために、1か月30日を上旬、中旬、下旬に分けたそれぞれの10日を表す数詞をつけて、甲《きのえ》、乙《きのと》、丙《ひのえ》、丁《ひのと》、戊《つちのえ》、己《つちのと》、庚《かのえ》、辛《かのと》、壬《みずのえ》、癸《みずのと》としたのが、「十干」です。次に、1年12か月の呼び名として、子《ね》、丑《うし》、寅《とら》、卯《う》、辰《たつ》、巳《み》、午《うま》、未《ひつじ》、申《さる》、酉《とり》、戌《いぬ》、亥《い》という十二支が考案されました。

動物の名前と対応させたのは、覚えやすくするためでしょう。そこで、五行、十干、十二支を組み合わせて年の呼び名にしたのが「干支《えと》」です。

まず、木─甲─子から始まり、木─乙─丑、火─丙─寅……というように続きますが、10と12の最小公倍数は60ですから、60年目に同じ呼び名の年が巡ってきます。ここから「還暦」という風習が芽生えました。干支で表すことの利点は、何々王の時代の何年目とか、元号の何年と呼ぶ代わりに、60年を周期として連続して数えられるところにあります。しかも、干支にはその年独自の運勢があると考えるのですから、天地の情勢は60年周期で繰り返すことになり、この長さが人の一生の長さに近いというところが面白いですね。

ところで、この60という数字は、還暦にも、新しく生まれ変わるという意味で登場しますが、さらに、60秒を1分、60分を1時間だとする〝60進法〟の基本にもなっています。

これは、60という数が12と10の最小公倍数であることと関係がありそうです。

まず、12という数字は、古代人たちが、暦として使っていた月の満ち欠けの周期はおよそ30日で、それが12回繰り返されると、もとの季節に戻ることから、〝12進法〟として誕生しました。1年、12か月という考え方です。そこから、1日の昼夜をそれぞれ12等分して、1日、24時間という概念が生まれてきたと考えられます。この考え方は、紀元前の昔、メソポタミアの南部に位置するバビロニア王国で、既に存在していたようです。

次に、10という数は、私たちが日常使っている〝10進法〟の基本で、両手の指の数が起源だと考えられています。

そこで、12と10の最小公倍数である60を単位にすると、例えば、時間を等分する場合に、割り切れる約数が、3、4、5、6、10、12、15、20、30のようにたくさんありますから、1時間を細かく等分するには、12や10を一区切りにするよりも、ずっと便利だということになります。〝60進法〟の誕生です。

私たちは、普段の生活の中で、〝10進法〟が便利だと思っています。しかし、100円を3人で等分することはできず、どうしても等分したければ、100円ショップで中身が3個入りの品物を買い、1個ずつ分ける以外に方法はありません。しかし、〝60進法〟ならば、簡単です。

同様に、円周の一回りが360度であるとするのも、1年が365日であることや、〝60進法〟の延長として、理解することができます。

さらに、12を1ダースと決めたのも、2人、3人、4人、6人のいずれであっても仲良く分けられるという点で、優れた考え方です。
数の世界って、本当に奥が深いですね。

★…………………………背理法に学ぶ生き方のコツ

私が数学に目覚めたのは、中学生のころ、三角形の内角の和が2直角、すなわち180度だということの証明に出合ったときでした。三角形の底辺に平行で、頂点を通る線を1本引くだけです。その平行線と交わる2本の斜辺がつくる互い違いの角度（錯角）は等しいため、三角形の三つの内角の和は一直線になってしまい、180度であることは一目瞭然！　それが宇宙全体に存在するすべての三角形に対して成り立つということが驚きでした。

さて、1、2、3、……という自然数は無限にあるのでしょうか？　小さい子どもは例外なく大きい数字に興味を示しますが、無限への憧れは本能的なものなのでしょう。

仮に自然数は有限個しかなくて、その最大数がMであるとしましょう。するとM＋1

はMより大きいのですから、記号で書けばM＜M＋1です。一方、このM＋1も自然数で、Mが最大数だとしたのですからM＋1≦Mです。ここで＝がついているのは「……以下」という場合には「……」も含めるからです。となると、M＜M＋1≦Mになり、まとめると、MはMより大きいという矛盾が生じます。

これはおかしい。自然数の最大値があるという仮定が間違っていたのです。このような証明法を「背理法」といいます。私たちの日常生活の中で、不満を感じるとき、その不満をもたらす状況がなかったらどうなるかを冷静に考えると、その不満の正当性がわかる場合があります。背理法の応用ですね。

例えば、今、仕事をしている職場に不満を持っていて、今日にでも辞めたいと思っているとします。そこで、考えましょう。もし、この職場を辞めたら、あるいは、この職場がなかったとしたら……。まず、収入がなくなりますね。そして、どこか、別の職場を探すことに明け暮れていて、不満を考えるいとまもないかもしれません。だとすれば、もう少し我慢して、少しでも居心地のいい職場にするにはどうしたらいいかな……と考えた方が得策だということになります。現状の肯定にたどり着く場合もあるということですね。

その一方で、高速道路で事故を起こす車両の速度の統計をとったとして、時速80キロよりも時速200キロ以上での事故発生件数が少なかった場合、時速200キロ以上の走行がより安全だといったらどうでしょうか。これは仮定の欠如に基づく統計の落とし穴で、情緒の欠如とも関連します。

私たちは、目や耳で外界と接しながら、〝心〟を通して、意識する世界を造りあげています。その一方で、心によって造られた外の世界が、それを意識する〝心〟を造ります。内なる心と外なる世界は、深く関《かか》わっているということです。

例えば、コップに水が半分入っているのを見て、「半分しかない」と思うのか、あるいは「まだ、半分残ってる」と思うかによって、それ以後のあなたの人生は大きく分かれるでしょう。生き方上手のコツはそのへんにもありそうです。

孤独の人、山頭火が「旅のおわりの」という詩の中で、たった8文字「酒もにがくなった」と断じているのは単純明快、一分の無駄もない完璧な表現で、数学の証明に似ています。そう、美しい数学は詩のひとつの形なのです。

★宇宙のすべてを知る数π

世の中に存在する数ある図形の中で、もっとも単純明快な図形は「円」でしょう。一番単純なのは直線だというかもしれませんが、定規の長さよりも長い直線を描こうとすると大変です。定規の方向がずれないように、別の定規をあててずらしながら描かなければなりません。円の方がずっと描きやすい図形です。

「円」とは、定点O（円の中心）から一定の距離R（半径）をもつように点Pを動かした時、その点Pが描く図形です。描くにはコンパスを使いますが、厳密にいえば、どんなに精密なコンパスを使っても、中心の針を完全に固定することは難しく、また、鉛筆が描く曲線にも幅があって、顕微鏡でみればギザギザの帯に見えるでしょうから、ほんとうの円は、私たちの想像の世界にしか存在しません。にもかかわらず、実際には存在しない円の性質を研究することから生まれたものが車輪で、私たちの生活には欠かせない発明です。それは、円の中心が軸になっていますから、円周までの距離が一定で、スムースに回転することができます。しかも、円形の車輪は、基本的には地面と一点で接していますから、抵抗が少なく、小さな力で転がることができます。

また、周の長さが同じ図形の中で、面積が一番大きい図形が円です。雨水を流す「雨どい」の断面が半円形になっている理由は、そこにあります。つまり、なるべく少ない材料で、たくさんの雨水を流せる構造が、半円形の断面だったのです。

ちなみに、数学的図形には、対称軸というものがあります。それは、その軸に沿って折り返すと図形が重なるというものです。正三角形の三つの頂点からそれぞれの対辺の中点にかけて3本、正方形には4本あります。しかし、円の場合は、中心を通るすべての直線が対称軸になりますから、無限個あることになります。円は最も単純で、完全な形をした図形なのです。

また、円には、日常感覚からは理解し難い不思議な性質があります。それは円周率です。すなわち、円周の長さと直径の比率が、果てしなく続く規則性のない数だという事実です。たとえば、直径1の円の内側にぴったり入る（内接といいます）正六角形の周の長さは3、同様に円の外側にぴったりくっついている正六角形の周の長さは、3・46……ですから、円周の長さは3と3・46……の間にあるでしょう。

そこで、正多角形を正12角形、正24角形……と進めていけば、本当の円周率の値に近づきます。その方法に初めて気づいたのは、古代ギリシャの大数学者アルキメデスでしたが、日本の数学者、関孝和も同じような方法で、1712年に3・14159265 35……という小数点以下10ケタまでが正しい値を求めています。直径1の円は確かに存在します。しかし、その円周の長さは、どこまでいっても終わりのない数の列でしか表せないというのは不思議ですね。そこで、この永遠の数をギリシャ語で「まわり」を意味する言葉の頭文字をとってπ《パイ》という記号で表しています。

さて、円周率π《パイ》はふつう3・14だと習います。しかし、厳密には3・1415926 5358……と永遠に続きます。その計算では日本が世界をリードしており、1兆桁までの計算結果を見ると、0から9までの数字が同じ頻度、つまり1000億回ずつ現れていることがわかります。まったく規則性のない乱数だということですね。

そこで、たとえば、600人の中から無作為に5人を選ぶ場合には、それぞれの人に番号をつけた後、πの値を3桁ずつ314／159／265／358／979／323／846――のように区切り、601より大きい区切りを飛ばして、最初から五つの区切りの数字と同じ番号の人を選べばいいのです。

一方、πが乱数であるとすれば、πの中には、すべての有限数列が含まれていることにもなります。畏友《いゆう》の数学者、桜井進氏に検索していただいたところ、たとえば私の誕生日1935年1月31日の日付を年月日の順に並べた「19350131」という数列は、1億桁までに3回現れますが、最初にでてくるのは5812万8835桁から42桁に現れています。

すべての楽曲の音符や文学作品の文字の並びを数字の配列におきかえれば、このπのどこかに必ず入っていることになります。思考の中にしか存在しない円の中で発見されたπとは、宇宙のすべてを知り尽くしたすごい数だったのですね。

どこまでも続く数字をどんなに計算しても、次にくる数字の予測ができず、永遠に終わりがないのも、πの魅力のひとつです。これは、プラスとマイナスすべてを包括する意味で、完全無欠な基本数「ゼロ」と並んで、永遠へのあこがれを集約したような魅力的な数です。音にたとえれば、ブラームスのバイオリンソナタ第3番第2楽章のような……。

★太陽は究極の真円

真っ白に輝く銀色の円盤の中を、小さな点がゆっくりと動いていきます。2006年11月9日朝、水星の日面通過が観測されました。これは、太陽と地球と水星が一直線に並んで、地球から見ると、水星が太陽の前を横切るのが見える現象です。太陽光を減光するためのフィルター越しに眺めると、完璧《かんぺき》なまでの真円に見える太陽面を、水星が真っ黒な小さな点となって通過していくのが見えます。水星が黒く見えるのは、太陽光が当たっていない夜の水星が見えているからです。ただ、それだけのことなのですが、太陽と、その大きさの200分の1しかない水星を同時に見ることで、太陽と惑星の大きさの違いを体感するには、とてもいいチャンスです。次回、日本で見られるのは、2032年11月13日です。

ところで、1911年に発表されたアインシュタインの一般相対性理論の検証に、この水星の日面通過の観測結果が使われたことは、あまりにも有名です。

実は、天王星の不自然な動きから、その外側に未知の惑星の存在（実は海王星でしたね）を予言していたフランスの天文学者、ルベリエは、水星の動きが不自然であることにも気づいていて、水星と太陽との間に未知の惑星があるとして、バルカンという名前まで付けていました。しかし、どんなに探しても、バルカンは見つからず、ずっと謎とされていました。この謎を解いたのが、一般相対性理論でした。つまり、この理論によると、重い太陽の重力で、その近くの空間が歪《ゆが》んでいることになり、水星が不自然な動きをすることが予測されます。それが、水星の日面通過の観測によって確かめられたのでした。

さて、私たちに一番近い恒星である太陽は、唯一、望遠鏡で、表面を詳しく調べることができる恒星でもあります。恒星というのは、例えば、太陽の光を反射して光っている金星や木星のような惑星とは違って、自分で巨大なエネルギーを作り出し光っている星のことです。

ところで、望遠鏡で太陽を見ると、その形が、あまりにも完ぺきな円形であることに驚かされます。それは、私たちが、コンパスに鉛筆をつけて描いた円よりも完全な円です。コンパスで描くといっても、鉛筆の線の太さは一様ではありませんし、針で固定する中心も不動ではないからです。なぜ、これほどまでの真円になるのでしょうか。真円といっても、本当は、立体ですから、真球といった方が正しいのですが、その秘密は、完全な球体になると、その中心に全体の重さが集中して、一番、エネルギーを小さくできるという重力の法則にあります。球体や円形は、ある量を最も効率よく収納するのに、一番場所をとらない形なのです。これは、水が、表面張力で、なるべく小さく縮まろうとすると、丸い水滴になるのと同じ理屈です。円や球の美しさも、自然界の根源的性質の表れなのですね。

★数学という理想の世界

新聞紙1枚を大きくひろげて、二つ折りにしてみましょう。新聞紙が2枚重なった状態になります。それを、さらに二つ折りにすると4枚になり、もう一回折ると8枚です。私の経験では、新聞紙の二つ折りは7回折るのが限度で、そのときの重なった紙の枚数は2を7回かけた数、つまり128枚になります。

ここで、新聞紙1枚の厚さを0・1ミリとすれば、7回折った新聞紙の厚さは12・8ミリになりますね。そこで、現実にはこれ以上、折り続けることはできませんが、かりに、

15回折ったとすれば、その厚さは3メートル、30回で100キロ、40回で地球の直径の8倍、すなわち10万キロ、42回で、地球から月までの距離を2万キロ超える40万キロになります！

それでは、もうひとつ。人が、一生を通じて暑中見舞い、年賀状などのあいさつ状を交わす相手の数は、平均すると500人だそうです。そこで、その相手の人の知り合いまで範囲を広げれば、500×500＝250000、すなわち25万人、さらに、そのまた知り合いにまで広げると、その500倍ですから1億2500万人で、日本全国の人と知り合いになれるのも夢ではなくなります。

いずれも「え〜っ、ほんと？」と言いたくなるような意外な結果ですね。数学とまではいかなくても、算数の計算は、私たちの普段の常識や日常生活での感覚がいかに危ういものであるかを教えてくれます。

さて、数学では、点とは面積をもたず、位置だけを指定するものだとされています。さらに直線とは、幅を持たず、無限に遠いところからやってきて、無限に遠いところにまで真っすぐ延びる線である、とも言います。私たちは、どんなに精密な筆記用具を使っても、面積のない点や幅のない直線などを書くことはできません。

かつて、ギリシャ時代の哲学者、プラトンは、数学での点や直線こそ「理想の世界（イデアといいます）にあって、永久に変わらない本当の実在」と考え、私たちが現実だと思っているのは不確かで変わりやすい、その影にすぎない、と論じ、それゆえに、人間は魂の向上をめざすためには、数学という理想の世界を学ぶべきだと主張していました。何かしら、極端な表現のようにも聞こえますが、考えてみれば、現代社会を動かしている基本技術の根底には、理想化された点や直線を含む無限の概念があります。

たとえば、速さとは、二つの（大きさをもたない！）点の間の距離を、通過するのにかかった時間で割ったものですが、それは平均化された速さであって、瞬間の速さではありません。瞬間の速さは、通過する時間を限りなく小さくすることによって求められます。そこから微分積分学が誕生し、それを使ったニュートン力学でジェット機も新幹線も走っています。

私たちは、知らぬ間に、理想化された数学の世界の恩恵にあずかっているわけです。無限と隣り合わせに生きているなんて、なにかすてきに思えませんか？

そういえば、「三角形の内角の和は、１８０度であるという一行がもつ永遠の真理は何ものにも侵されない。永遠の真理がもつ美しさは、いかなる文学や詩の一行をもってしても表現できない」というようなことを言ったのは、確かフランスの叙情詩人、ヴェルレーヌだったと記憶しています。

さて、三角形という図形は、三つの辺が互いに押し合いながら結合することによって、安定した構造をつくります。このように、安定した構造の三角形は、デザインや三位一体のような思想体系の構築にもしばしば登場しますが、人類史からみれば、土地の測量などの基本が三角形であったことから、幾何学としての数学を生み出す源になっていました。

さらに、原子分子の世界でも、無駄のない結合の形として、ほとんど三角形が基本になっています。例えば、私たち生命体には欠かせない水の分子は、酸素原子を中心にして、水素原子二つが、二等辺三角形になるように結合しています。この形が基本になって、六角形の美しい雪の結晶ができます。〝雪印マーク〟の形ですね。これは、三角形の形をした水分子が、なるべく無駄なエネルギーを使わないで結合する形を選ぶと、あの形にならざるを得ないのです。

「雪は天からの手紙である」といったのは、日本が誇る氷雪物理学の創設者、中谷宇吉郎博士でしたが、まさに、雪の形には、宇宙の見えない摂理が隠されているということですね。

★無理数が支える日本の美

ものの形の美しさとは、いったい何なのでしょうか。数学者にいわせれば、「単純明快で、無駄がない」ということだといいます。だとすれば、美しい形とは、自然界に存在するあらゆるものたちの中にみられる根源的な形だということになりますね。たとえば、生き物の形は、地球の重力という逃れることのできない制約の中で、もっとも効率のよい形をしているゆえに美しいともいえるでしょう。

さて、ギリシャ時代の人体比例では、臍《へそ》を基点として、上下を、男性は5対8、女性は3対5を理想としており、この比、およそ1・6は、黄金比とよばれています。くわしい定義の説明は、省きますが、もっとも有名なギリシャ彫刻のひとつである〝ミロのビーナス〟は、複雑に組み合わされた黄金比で構成されていることがわかっています。それにひきかえ、黄金比が入ってくる以前の日本の美の特徴は、1・4という比率にあるように思います。たとえば、飛鳥から奈良時代にかけて建立された大伽藍《だいがらん》で、現存する難波の四天王寺、大和の法隆寺には、この1・4の比例が随所に見られます。四天王寺における建立地域の縦横比、法隆寺においては、2階建て金堂の各階の床の長さの比、あるいは、五重塔では、1階と5階の屋根の幅など、すべてが、1・4の比率で造られています。また、有名な聖徳太子像では、太子と、隣り合う二人の王子の背丈の比が1・4です。この比率の出どころは数学でいうルート2、すなわち、2乗すると2になるという無理数の近似値なのではないかと私は考えています。具体的には、1・41421356237……です。もちろん、寺院建立の時代に、このような数学があったわけではありませんが、それは、丸太から最大一辺をもつ正方形を切り出したときの丸太の直径と正方形の一辺との比であるというところからの発想だったのかもしれません。つまり、正方形の一辺の長さとその対角線との比率です。

事実、当時の宮大工たちが使っていた指し金の尺度目盛りがオモテ目とウラ目とでは、ルート2の比率で目盛られていたことが確かめられています。これは、日本に黄金比が入ってくる以前のもっとも根源的な美の比例関係だったようです。

こうして考えてみると、日本の俳句の五、七、五の比も1・4ですし、直立二足歩行し始めた古代人から現代人に至るまで、健康な赤ちゃんを産んでくれそうな女性を見分ける手段として、ウエストとヒップのシルエットの幅の比が、7対10、すなわち1・4、つまりルート2に近いことを目印にしていたらしいのも興味深いことです。

人間にとっての美の基準として、ルート2がもつ意味は大きいようです。そういえば、私たちがふだん、なにげなく使っている用紙の縦横比もルート2です。その特徴は、二つ折りにしたときに、面積は半分になりますが、縦横比は、まったく変わらない相似形になるということです。たとえば、A3を二つ折りにするとA4、それをさらに二つ折りにするとA5になりますが、どれも縦横比は同じで相似形をしています。B判も同じです。B4を二つ折りにすると相似形のB5です。

このように、二つ折りにしていったとき、同じ相似形になるための条件は、元の用紙の縦横比が、1対ルート2でなければならないことは、簡単に証明できます。

ある意味では、相似形をしたいろいろな大きさの用紙をつくるのに、無駄がでないようにする工夫として、ルート2が使われていたということですね。しかも、完全な対称性をもつ正方形よりも、縦横の長さが違う用紙の方が、なんとなく落ち着いて美しく見えますね。

どこまでいっても、割りきれず、また循環しない無理数が、身の回りにたくさんあるのは、おもしろいことですね。

腰をかがめて「にじり口」から小間の茶室に入ると、正面の床には、利休の孫にあたる千宗旦《せんのそうたん》の傑作が掛けてあり、「老人よ何処《いずこ》に行く」と添え書きされています。雨の小間は薄暗く、京都三十三間堂の古材で作られた炉縁《ろぶち》の中では、矢筈《やはず》釜が松風の音をたてています。裏千家六代・一燈《いっとう》手作りの黒茶碗の銘は冬籠《ふゆごもり》、茶杓《ちゃしゃく》は裏千家四代・仙叟《せんそう》の作、水指《みずさし》は三島唐津《みしまがらつ》です。なんともぜいたくなしつらえの中での不思議な一服でした。

そこで、あたりを見回すと、そこは非対称の世界、障子窓も入り口も、そして柱も炉の場所もすべて部屋の中心からずれた位置にあって対称性がありません。日本文化の特徴です。庭園についても同じですね。イギリス庭園のような対称性がありません。

そこで、あたりを観察してみると、その対称からのずれは、なんとなく1対1・4に近いことがわかります。ということは、1対ルート2の比率ですね。ルート2といえば、2回かける（2乗する）と2になる数で、きちんと書けば1・41421356……とどこまでいっても終わりのない数（無理数）です。

さきほどの茶室の造りでいえば、障子の桟の縦横比や、部屋の大きさに対しての柱の位置、違い棚の間隔の比など、なんとなく、1対ルート2、つまり、1対1・4に近いような気がします。

このように日本の美のなかに、無理数があるなんて、面白いですね。芸術と数学は、全体の調和という点で、つながっているような気がします。

ゼロの不思議
「何もない」ことが「ある」面白さ

ゼロって、不思議な数ですね。0を足しても、引いても、もとの数は変わらなくて、0を掛ければ、どんな数でも0にしてしまい、0で割ることはできないなどと、気難しい規則ばかりが目立ちます。しかも、マイナスとプラスの方向に際限なく広がる数のど真ん中にあって涼しい顔をしています。0って、何かとてもえらい数なのかもしれません。

実は、紀元前のインドでは、0の存在に気づいていたようですが、記号化されたのは、5～6世紀頃だったようです。そして、アラビアの商人の手を経て、スペイン経由でヨーロッパに広がり、日本に入ってきたのは幕末から明治にかけての頃でした。

とりわけ日本では、それまで、例えば、二万五千六百三十七というように書いていた数字を、簡単に25637のように書けることになり、現代の小学生が習っているような便利な計算法が生まれました。つまり、一、十、百などの位を右側から並べて書くという位取り記数法ができたのです。ということは、0の発見が位取り記数法を生み出したともいえます。

まず、それぞれの位のところには9個までしか積み木が入らないような記数法の模型を想像してください。そして、1の位のところに、1個、2個……と9個まで積んだとします。そして10個目になると、1の位は満杯になってしまうので、そのことを次の10の位にある1個の積み木で代表させます。これが十進法です。この場合、1の桁《けた》は空っぽになっていますが、それは、空っぽという状態でいっぱいになっているわけで、それを0という数字で表して「10」と書いているのです。

つまり、0とは、「空っぽ」の状態である、ということを意味しているのです。例えば、金魚鉢に3匹の金魚が入っているとします。1匹ずつすくっていくと、3、2、1匹になっていきますが、最後の1匹をすくった後には、0匹が残っていると考えるのです。そうすると、3、2、1、0という数字の並びがすっきりするでしょう？　さらに、お祭りの時などに見られる金魚すくい。紙でできたすくい網が破れてすくえない場合には、0匹すくったと考えるのです。0とは、何もないということではなく、「ない」ことが「ある」ということを示す数なのです。

それにしても不思議なのは、日本のエレベーター。3階、2階、1階と降りていきますが、いきなり地階とか地下1階（B1）になってしまいます。0階はどこに消えてしまったのでしょうか？　不思議ですね。それとも、0階はあってはならないというのでしょうか？

考えてみれば、世の中のすべての出来事には「始まり」があります。何かが始まるということは、その前には、まだ始まって「ない」状況がなければ、始まったなどとはいえません。つまり、「ある」ことと、「ない」ことは別々のことではなく、セットになっていて、一つのことの両局面なのです。

さて、ここで0の世界をもう少し探ってみましょう。まず、距離と速さと時間の関係を思い出してください。ある速さである時間走った時の距離は、皆さんもよくご存じのように距離＝速さ×時間という式で計算できます。例えば、車を時速100キロの速さで3時間走らせた時の距離は100キロ／時×3時間で答えは300キロです。それでは、時速100キロで0時間走ったらどうでしょう。0時間走るとは、走った時間がゼロ、つまり走っていないということですから、当然、走った距離は0キロです。式で書けば、100キロ／時×0時間＝0キロ、0を掛ければ、0だということですね。

次に、走った距離を走った時間で割れば、速さが計算できますね。そこで、300キロの距離を0時間走った時の速さは、300キロ÷0時間になりますが、0時間走ったということは、走っていないということですから、走る速さは存在しません。すなわち、30÷0という計算は成り立たず、0で割ることはできないということです。

いずれの場合も0時間とは、過ぎ去る時間がないという事実があること、言い換えれば、時間そのものがないのではなく、「ない時間」が「ある」ということです。だからこそ、距離と時間と速さの関係を示す計算式が意味を持つのです。これが、0を掛ければなんでも0、どんな数でも0で割ることはできない、ということの理由です。

ところで、さきほどエレベーターには0階がないというお話をしました。それは、エレベーターの床が地上面と同じ高さにある時を基準にして、そこを1番目の階、つまり1階としているからです。そうすると、地階の床面の位置は基準面より下にあるので0階ではなく、いきなり地下1階だとしか言いようがありません。ただ、外国に行くと、日本での1階をグラウンドフロア（地上階）と呼び、日本でいう2階を1階だとしている国もあります。

そもそも階数は地上からの建物の高さの順番を決める数字ですから、0・6階とか8・2階といった階は存在しません。いつも始まりは1番目の1階で、その後は2階、3階と続いていき、小数点がつくような階はないのです。世紀も同様で、1年からスタートして100年までが1世紀、101年から2世紀ですから、21世紀の始まりは、2000年からではなく2001年です。

ところが、長さや速さは、ある基準を0と決めてしまえば、0・62メートルとか時速81・7キロのように、整数以外の値をとることができますから、最初の基準になる0は目に見えるものとして存在します。消えたり現れたり……ゼロって本当に不思議な数ですね。

4

生命の中にただよう宇宙

生命はなぜ美しいか

かつて、大学の数学科の学生だった頃、先生の口癖は「美しく解きなさい」でした。その意味に気付いたのは、ずっと後になってからのことでしたが、一言でいえば、「むだなく単純明快に解く」ということだったようです。

無駄がないことの美しさといえば、たとえば、バットで打ち出されたボールが大空のキャンバスに描く曲線の美しさがあります。ボールに作用する地球の引力が、無駄のない道筋を通るようにボールをコントロールしているからです。もし、ボールがジグザグに飛んだとすれば、それだけ余分なエネルギーを使うことになり無駄が生じるので、そのような動きは起こらないのです。富士山の形が美しい理由も同じです。

ところが、そこに人間の心が絡むと、様子が変わります。自動車のハンドルには必ず無駄な（?）「遊び」があります。もし、「遊び」がなくて、ハンドルのわずかな動きにタイヤが敏感に反応するとしたら、真っすぐに走ることは困難です。無駄をなくして効率よくことを進めようとするのが機械文明ですが、生物の世界は、それと真っ向から対立します。ハンドルの「遊び」は、機械と人間が仲良くできるように、機械に少しだけ歩み寄ってもらう工夫だったのです。

大昔に物質から生命が生まれました。たくさんの物質たちが、くっついたり離れたりするうちに、ある日、偶然に生まれたのです。そこには、たくさんの「遊び」とも無駄とも思える試行錯誤がありました。だからこそ、道端に咲く名もない花の成分を完璧に分析することは可能ですが、その成分を合成しても、その花を作ることはできないのです。

宇宙が美しいと感じられるのは、おそらくその構造が極めて単純明快な論理を基準にして無駄なくできていることへの驚きからでしょう。しかし、その無駄のなさは、宇宙の試行錯誤の結果であることも理解しておく必要があります。その一方で、それらを美しいと感じるのは、いつも試行錯誤してゆらゆら動いている心です。それは、変わることのない単純明快な真理への憧れかもしれません。

ところで、絵画やCDに録音された音楽は変わりません。しかし、それと向き合う心は、変動しています。つまり、それらの芸術作品は、不動のものではなく、見る人の心と共に成長していくもののようです。

生命の美しさとは何か。難しい課題ですが、時間をかけて試行錯誤しながら成長していくプロセスそのものだといってもいいでしょう。子育ても花を咲かせるのも、指南書どおりにはいかず、時が熟すまでの試行錯誤が必要です。一つの目的に向かってバランスをとりながら、ゆらゆらと試行錯誤を続ける営みこそが生命の特徴であり、美しさだと思います。

★

終わることで続くいのち

その日の朝の空は、瑠璃《る》色《り》に澄み渡り、ところどころに生まれたての積乱雲が少しばかり、不気味なほど静かで美しい空でした。やがて、その青空を、まるで真昼の星のように輝く銀色の物体が真っ白い絹糸のような飛跡を残しながら、静かに横切っていきました。そして、その20分後には、空全体を溶かしてしまうかのような鋭い閃光《せんこう》が走り、地上は一瞬のうちに、かつて人間が経験したことのない焦土と化しました。原爆です。あの日から71年、爆心地には小さな草花が芽吹き、今では、大きな樹木になっています。生命力の不可思議としか言いようのない力です。

そういえば、今から6500万年前のある日、直径15キロほどの小惑星が地球に激突しました。衝突速度は秒速約20キロ、衝突時のエネルギーは広島型原爆のおよそ10億倍、衝突地点付近の地震の規模はマグニチュード11以上、津波の高さは300メートル以上と推定されています。現在、メキシコのユカタン半島沖に、その痕跡を見ることができます。直径180キロ、深さ十数キロに及ぶクレーターです。この出来事で、恐竜に代表される地球上の大型生物の大半は絶滅しましたが、今の地球は、あらゆる大きさの生物の宝庫です。物質には見られない「持続する生命」の不思議です。

「みなさん、おはようございます。昨夜はよくお休みになれましたか？」というあいさつは、昨夜のあなたと今朝のあなたは、変わっていなくて、同じ「あなた」だということが仮定されています。でも、考えてみてください。私たちの体は、およそ数十兆個の細胞でできていますが、その中の少なくとも1％、つまり数千億個は、毎日死滅し、新しいものに生まれ変わっているのだそうです。それでなければ、傷が癒えることもなければ、病気が回復することもありません。

さて、それらの細胞1個の中には46本の「ひも」状のDNAが、二重のらせんを描いて入っています。46本をつなぐと、なんと2メートルになるのだそうです。となると、体全体のDNAの「ひも」をつなぐと、地球と太陽との間の距離のおよそ800倍、1200億キロになります。その1％に相当する12億キロの長さの「ひも」が毎日、更新されているということですね。

ところで、一つの細胞がこわれて、新しい細胞が生まれるときに、DNAの「ひも」がコピーされて遺伝情報が伝えられるのですが、それには、DNAの「ひも」が分割されなければなりません。

そこで、話を分かりやすくするために、一本の「ひも」を二つに分割するときに、「ひも」の端をもって、引き裂く場面を想像してください。手でもった「ひも」の端は、分割されずに、残ってしまいます。つまり、もともとの「ひも」は、そっくりコピーされずに、コピーする度に長さが短くなっていきます。そして、数十回分裂すると、遺伝情報を伝えることができなくなってしまいます。１枚の文書のコピーのそのまたコピーを、というようにコピーを続けると、文字がぼけてきて、最終的には、文書の意味がなくなってしまう状況と同じです。実は、この状況こそが個体の死を意味します。

その一方で、細菌のＤＮＡは、輪ゴムのような形をしていますから、円周にそって分割しても、情報は保たれ、細菌には、基本的に死はありません。その代わり、同じ姿の複製をくりかえすだけですから、外部から細菌を滅亡させる要因が加われば、一度にすべてが滅亡してしまいます。

そこで、メスとオスという性を創り出し、たがいのＤＮＡを絡み合わせる「ひも」構造になりました。そこから、多様性という生物の特徴が生まれ、環境が変化しても確かに生き残るという状況をつくることに成功しました。

しかし、「ひも」構造にしたために、生命にも限りができて、死を獲得してしまったのです。私たちは個体の死と引き換えに、種として持続する命を手にしたということです。

いいかえれば、私たちすべての人生はもちろんのこと、人間が創ってきた文化、文明は、持続してきた人類の歴史全体の共有財産であり、私たちは、他のすべてと関《かか》わりあって生きているということですね。昨夜のあなたと今朝のあなたは、物質的には生まれ変わっていても、持続する命としてのあなたはあなたのままです。

古来、人類は何かにつけて、不老長寿を夢みてきました。しかし、それがしょせん、かなわぬ夢だとわかった時に、宗教が芽生えました。生死を超えた永遠なるもの、その存在の象徴が「神仏」でした。つまり、人間の寿命の有限性に対して、無限なるものへのあこがれが「神仏」だったわけです。そして、「神仏」が人間の心によってつくられたものであることを承知の上で、なお、宇宙のからくりの絶妙さに感動する心が、宇宙の究極のデザイン者としての神仏の存在を認めてきたのでした。

実は現代の科学からいえば、いかなる境遇にあっても脈々と持続する生物の特性こそが、限られた長さの一世代を超える無限への広がりだと考えてもいいのではないかと、ふとそんな気がしています。世代交代による持続です。人間でいえば母親の胎内で、受精後32日目の姿はサカナそのもので、それから2日後の34日目には、両生類の顔に、さらに2日経過した36日目には、気道と肺呼吸の準備が始まるといったように、胎内での1週間で、サカナから人間までの1億年を駆け抜けています。個体発生は系統発生を繰り返しているのですね。言い換えれば、ある個体の一生そのものが生物の全歴史の縮図であり、それは逆に考えれば部分の中に全体を包括する「フラクタル」と呼ばれる宇宙の根源的原理であるともいえます。

静かな森に囲まれて空がまあるく開けているところから星を眺めていると、自分の呼吸が自分をとりまく樹木や星たちの呼吸と呼応して一つになっているかのような感覚に陥ります。どうやら、私たちも悠久の宇宙の歴史の中のヒトコマを担っているようです。

「私」とは何か

みなさんは、ご自分の顔をごらんになったことがありますか？

「もちろん鏡で」という声が聞こえてきそうですが、鏡に映る顔は、上下はそのままでも、左右が反対です。鏡に顔を近づけると、鏡の中の顔は、逆にこちらに近づいてきます。つまり、鏡のこちら側とあちら側の世界は鏡に垂直な方向に対して反転しているので、鏡に映る自分の顔は、他者が見る顔とは左右反対になってしまうのです。

それでは写真に撮れば自分の顔に出会えるのでしょうか。新聞の写真をみればわかるように、写真はたくさんの粒が平面上に集まってできた図形で、立体感がありませんから、これも自分の顔だとはいえません。結局、自分の顔をじかに見るためには、顔から目だけが飛び出して振り返るしかありませんが、もし、それができたとしても、そこに見えるのは、目のない顔であり、どんなことをしても、自分で自分の顔を見ることはできないということになります。

ふだん、自分のことは自分が一番よく知っていると思っているのは、大きな誤解だということです。そうだとすれば、自分が思っている自分と相手が思っている自分との間には、いつも大きなへだたりがあるということになりますね。しかも、職場にいるときの自分と自宅にいるときの自分は、おそらく別人であって、自分がおかれている環境によって、自分は変わっているはずです。これこそが、宮沢賢治のいう「あらゆる透明な幽霊の複合体」なのかもしれません。

では、いったい、自分とは、いかなる存在なのでしょう。おそらく、大半の方は、「私」とは自明のことであって、改めて問いかけること自体に意味があるかどうかさえお気づきにならなかったかもしれません。しかし、実は、「私」とは何か、という命題は、人類始まって以来、多くの哲学者たちを悩ませてきた存在の根源的問題です。

「私」が「私」であるためには、「他者」の存在が必要です。そこで、「他者」と「私」を区別するものは、常識的に考えて「体」であるとしましょう。この体あっての私だという視点です。しかし、皮膚に覆われた目に見える体が、「私」であるとするには無理があります。それは、心臓の動きや、細胞の再生など、自分の意思では、コントロールできないからです。その一方では、この体が消えてなくなれば、意識もなくなりますから、「私」も、私が見ているこの世界も消えてしまいます。

となれば、「私」とは心でしょうか。ものごとの存在を感じ、考える働きが心であるとすれば、その根源が脳、つまり脳が「私」だということになります。しかし、脳は目に見える物質のかたまりで、目には見えない心だときめつけるのには無理があります。どうやら、心と体は不可分で、周囲のあらゆる他者、世界とかかわっている不思議な存在が「私」のようでもあり、謎は深まるばかりです。そして、それ故に、相手に対する思いも、自分の行動も、「私」への真摯《しんし》な考察なしにはうわべだけのものになってしまいます。

くりかえしになりますが、数十兆個の細胞のうちの1%、つまり数千億個の細胞が一晩のうちに新しいものに入れ替わっています。つまり人間を物質の集合体として考えれば、昨日のあなたと今日のあなたは別人なのに、自分であり続けられるというのは不思議ですね。その理由のひとつは、自分は自分だけからできているのではないということです。水は水ではない水素と酸素からできているように、自分も、自分以外のもの、つまり、他者や環境など、まわりとの関わりがあるからこそ、自分であり続けていられるということになります。相互依存です。

もともと宇宙が一粒の光から爆発するようにしてできたのですから、すべての根源は同じで、たがいに関わりあっているのは当然かもしれません。だからこそ、私たち人間にとっての幸せは、相手に喜んでもらうこと、そして「あなたに出会えてよかった」といってもらうことに尽きるのでしょう。

私にとって無心にパイプオルガンを弾くことは、自由になることですが、深まりゆく秋に少しだけ立ち止まって、「私」とは何かという問いと向き合ってみることのさきに自由な「私」がいるのかもしれません。

★ 旅の起源

ツタがカーテンのように垂れ下がったトンネルの向こうは異次元の世界です。黒々と静まり返る森の上を月光に照らされた夜の雲が急ぎ足でよぎります。すると、月の周りを虹の輪が取り巻き、その円弧の上には、明るく輝く木星が寄り添っています。突然、どこからともなく風がわき起こり、森の木々がざわめき始めると、名作アニメのトトロが目の前を通り過ぎたかのような感覚に包まれます。近隣の森で遭遇した不思議体験です。

人は、なぜこのような非日常体験に関心を寄せるのでしょうか。その答えは生物の進化の歴史の中に垣間見えます。

この地球上に初めて姿を現した生物は植物でした。植物は当時、地表を覆っていた二酸化炭素と太陽光と水を体内に取り込み、酸素という排気ガスを放出して生きていました。ところが、その排出される酸素によって環境が汚染されるようになると、植物は生存の危機に見舞われることになります。そこで、自らの体内にある葉緑素を構成する一つの原子を別の原子に取り換え、血液の主成分である「ヘモグロビン」に変えることを思い立ちました。そうです、植物が大量に放出する排気ガス（酸素）を吸って、植物に必要な二酸化炭素を放出する動物をつくり、互いに補い合い共存する道を切り開いていったのです。

ところが、地上に根を張り、動く必要もなく生きていける植物に先住権を奪われてしまった動物は、生きるために食料を探し求めて、動き回らなければならなくなりました。動物の寿命が、植物と比較して短いのは、そのためです。動き回ることによって身体の消耗が激しくなるからです。数千年にわたって生き続けてきた屋久杉にくらべて、動物の寿命はたかだか１００年が限度です。

さらに、「動き回る」ということは、よりよい生活環境を追究する行動であると同時に、人間にとっては、日常から非日常空間への環境変化によって、自分を振り返り、心のリフレッシュにもつながるという効用があります。それは、人間が一生を通じて持ち続けることができる唯一の欲望が「新しいことを知りたい」という心の働きだということとも関連します。これが、旅への憧れの原点です。

人間は四足歩行から立ち上がったことで、重い脳をささえる体の構造を獲得しましたが、この脳を発達させるためには、外部からの新しい刺激が必要で、絶えず新しい環境と遭遇することが効率アップにつながります。さらに、人間は自分の立ち位置、つまり存在理由がはっきりしていないと不安になってしまう生き物です。そこで、遠くから自分を振り返ることが必要になり、ここにも、旅の意味があります。私たちにとって、旅に出ることは、気分をリフレッシュするのにとても有効な手段であることの理由もそこにあります。

この「遠くへ行きたい」という願望から生まれたのが、自動車や列車、そして飛行機などの移動装置です。これら移動装置は、行きたいときに行きたいところに自分の意志で効率よく移動できるという意味だけにとどまらず、人間の心理的身体感覚の拡張という意味も併せもっているのです。

一方で、人類の歴史における戦争の原因が自国にとって必要な資源を求める「旅」であったことも事実です。記憶に新しい現代の大戦は、原油という地球資源の争奪戦であったことは、ご承知の通りです。「旅」が持つ光と影の二面性です。

1977年、アメリカ・フロリダの宇宙基地から未知の宇宙へと旅立った米航空宇宙局

（ＮＡＳＡ）の探査機、ボイジャー１号が、とうとう太陽圏を飛び出しました。地球からの距離、およそ２００億キロ、光の速さで18時間半以上かかる距離です。

これは、たとえば太陽の大きさを直径10センチのリンゴだとすれば、地球はそこから10メートル離れたところにある大きさ１ミリの砂粒で、ボイジャーの位置はそこからさらに１３００メートル離れたところです。すさまじいですね。

あらためてお話しするまでもなく、私たち地球人は、太陽の影響のもとに存在しています。たとえば、私たち人間の大きさと形を今のような姿にデザインしたのは、太陽と地球との距離、地球の大きさ、そして重さがすべて今あるような数値であるという事実です。私たちの存在は、何から何まで太陽を中心として成り立っているのですから、ボイジャー１号が、その太陽圏、つまり太陽の影響が及ぶ範囲から出てしまったということは、私たちには見当もつかない異次元宇宙に突入してしまったことを意味します。しかも、今から40年前につくられた観測装置がいまだに動いていて、私たちが聞き耳をたてさえすれば、情報を送ってくるというのも信じられないことです。

ボイジャーは私たちの一生という限られた時間の中では完結しえない任務を背負って一人旅を続けているということですね。一番近い恒星まではあと４万年、これからの季節、夜空で全天一明るく輝くおおいぬ座のシリウスに接近するのは今から29万6000年後です。

ところで、ボイジャーには1枚のレコードが搭載されています。そこには、脊椎《せきつい》動物の進化を示す図やDNAの構造などが記録されており、さらには、世界五十数か国の言葉で「こんにちは、ごきげんいかがですか」というメッセージ、地上の音、音楽などが収録されています。

そのなかでも、私が関わったのは、バッハの音楽の収録でした。その理由は、バッハの音楽の中には、とても数学的な構造があって、数学という論理こそが宇宙の普遍的な共通語だと考えていたことに加えて、地球上の哺乳動物に限っていえば、五感の中で一番原初的な感覚が聴覚で、他の感覚にくらべてみても情報量が多く、対話には最適だと考えたからです。

そのレコードの表面にはウラニウム238という放射性物質が塗布されています。これは、いつの日にか地球外知的生命体に遭遇した場合、ウラニウムの半減期が40億年なので、その放射線量を測定すれば、このレコードが送り出された時期を知ることができるとの配慮からでした。

太陽光が届かない場所での電源としてプルトニウムの崩壊熱を使っていますが、その寿命はあと数年、まだ交信可能です。放射線をめぐる昨今の地上での出来事と対比すると、感慨深いものがあります。

こうして考えてみると、ボイジャーは、人類が、自らの存在を宇宙から振り返るための「まなざし」として、宇宙に送り出した「旅人」だといえるかもしれません。

★

ETを探し求めて

奈良・明日香の岡本寺。そこの本堂にあるピアノの音には、普通のアップライトピアノの音を超えた不思議な輝きがありました。１９７７年、ＮＡＳＡが、太陽系・外惑星探査を目的として打ち上げた探査機、ボイジャーに搭載されたバッハのプレリュード。その音の一粒一粒が織りなす無限の旋律は、本堂全体にこだまして、やがて、晩秋の色に染め上げられた境内の樹木の間をすり抜けて、はるか天空のかなたへと飛び立っていきました。

さて、私たちの太陽系の中で、唯一、知的生命体が住むこの青い星、地球を後に、宇宙という未知の大海原をただひとり、二度と帰ることのない旅を続けているボイジャー。もし、いつの日にか、私たちのような知的生命体と遭遇することになったら、ボイジャーに搭載されている地球の音情報は、地球からの貴重なメッセージになるはずです。

それにしても、ＥＴ（地球外知的生命体）は存在するのでしょうか？　その問いかけについての私たちの答えは、「存在を否定するいかなる証拠も持ち合わせていない」ということです。

数学の立場から言えば、あるものの存在を否定することは、極めて難しいことです。たとえば、一クラスの生徒を前に、誰も携帯電話を持っていないことを見極めるには、一人一人の持ち物チェックを丹念に行わなければなりません。しかし、誰か携帯電話を持っているかどうかを調べるには、たまたま、調べられた人が、持っていれば、それで決着がつきます。「否定」の証明は、「肯定」の証明よりも、はるかに難しいのです。「ＥＴはいない」という結論を出すには、広大無辺な宇宙をくまなく探す必要があります。

さらに、電波で宇宙を探ってみると、私たち生命体を形成するのに欠かせないたんぱく質、アミノ酸などが、たくさん存在していることが分かっています。また、天空から地球に飛来する隕石《いんせき》の中にも、それらの痕跡が見つかっています。

さらに言えば、「いのち」の素《もと》になる物質は、例外なく、星が光り輝くプロセスで合成されることも分かっています。従って、地球以外のどこかに、生命が存在していたとしても、不思議なことではありません。

それでは、なぜNASAを中心として、私たちは、ETを探しているのでしょうか？　その理由の一つは、私たち地球人の宇宙における位置づけをはっきりさせたいからです。地球からだけの目に頼っていては、自分の顔は自分で見られないように、宇宙の中での地球や人間の本質という姿が見えてきません。例えば、戦争に明け暮れ、身近な社会でも、一方的に相手を攻撃することによってしか自らの満足が得られないという「総いじめ」時代をつくってしまう人間とは、一体、いかなる生物なのか。もし、その実体に迫れれば、そこから、平和への道を拓《ひら》くためのヒントが得られるかも知れません。

★……右回り左回りに宇宙の原理

みなさんは、駅のホームで電車や列車を待っているとき、右の方から電車が来る場合と、左の方から来る場合と、どちらが自然だと感じますか？　何人かの人に聞いてみたところ、ほとんどの人が、右からやってくる方が緊張しないといっていました。そういえば、回転寿司《ずし》も、お寿司が動いていく方向は、右から左です。サーキットの自動車レースも、観客から見ると、右から左に向かって疾走していく場合が多いようです。いずれも、時計の針が動く方向で右回りです。

その一方で、自転車に乗り始めたころのことを思い起こしてみると、反時計回り、すなわち左回りの方が安定していて、コントロールしやすかったような記憶があります。陸上競技のトラックを走者が走る方向も左回りです。この不思議な性質は、右脳と左脳の役割分担と関係しているらしいことが最近になって分かってきました。

ご承知のように、右脳は、感情とか、情緒と関係があり、音楽や絵画の認識が得意ですが、それは、また、空間の認識にも優れていることがわかっています。それに対して、左脳は、言葉を組み立てたり、計算したり、論理的思考を得意とする部分です。ところが、左脳の機能は、体の右半分に、右脳は左半分とかかわるように交差していますから、空間認識に優れている情報は、左の目から入ってくる情報が優位になります。となると、自分が動いている場合には、左回りの方が、先を見通すには有利ですから、左回りが楽だと感じるのかも知れません。一方、静止した状態で、動いている物体を認識する場合には、まず、右目であらかじめ狙いを定めておいて、左で詳細を見ればよいのですから、首を右から左へ動かしながら動きを追う方がより自然なのでしょう。交差点にさしかかった時、まず右を見たくなってしまうのも、左側通行だから、という理由だけではなさそうです。

実は、自然界の原子や分子の構造、光などにも右回り、左回りの性質がありますが、地球上で生命体を形成する基本的物質であるアミノ酸は、ほとんど左型です。しかし、これらを実験室で合成すると、左型、右型の両方が半々ずつできることがわかっています。この事実は、地球上の生命を造るアミノ酸が、彗星《すいせい》に付着して宇宙から飛来したことを物語っています。それは、その彗星が、星の終焉《しゅうえん》の姿である超新星爆発によって作られる中性子星から放射される強力な右回りの光にさらされて、右型のアミノ酸は分解され、左型だけが生き残って地球に到達したと推測されるからです。もし、その放射光が、左回りであれば、右型のアミノ酸から生命が生まれたでしょう。

このように、生命の誕生も、彗星が、たまたま、どこを通ってきたのかということの結果によって、大きく左右されてきたのですから、私たちの人生とは、宇宙のシナリオから逸脱することはできません。しかし、その中にあって、いかに自分だけの物語を紡いでいくかという冒険こそが〝生きる〟ということなのでしょう。

★生物と無生物

私たちの体には、不調になっても、休息すれば、自然に治癒、回復する機能が備わっています。ころんで皮膚をすりむいても、いつの間にか元通りになっています。元気盛りの子どもの場合などは、なおさらで、その旺盛な治癒力には目を見張るばかりです。

しかし、「クルマ」の場合は、故障したからといって、そっと休ませておいても、治ることはありません。ここに、「生物」と「非生物」の違いがあります。いずれも、同じような原子分子の集合体でありながら、「生物」と「非生物」との大きな違いは、「自己組織化」あるいは「自己制御」能力の違いにあります。つまり、「生物」を構成する原子分子の集団は、「非生物」に比べて、まわりとのかかわりが強く、そのために何か変化が起こると、あらゆる道筋を見つけて、周囲とのエネルギー授受を行い、元の姿を目指そうとします。これは、生物が持つ特徴で、長い進化を経て、今ある姿を最善のものとしているからです。

そこで、ある部分が壊れると、全体とのかかわりを見通しながら、その部分を修復する方法を見つけますし、それがだめならば、別の部分に、その働きを代行させるという方法をとります。言い換えれば、部分がそのまま全体であるかのような性質が「生物」の特徴です。

考えてみれば、人間の身体も元をただせば、物質の集合体です。しかし、生物と無生物との間には歴然とした違いがあります。物質の集合体である人間と、同じく物質の集合体である太陽のひとかけらをエネルギー発生率という立場から比較してみましょう。

みなさんもご存知のように、平均的な成人男子が食物摂取によって体内に取り入れ、放出するエネルギー量は二千数百キロカロリーで、ワット換算するとおよそ100ワットです。5人集まればご飯が炊けるほどのエネルギーです。そこで、成人男子の体重と同じくらいの太陽のひとかけらが発生しているエネルギーを計算してみると、なんと0・01ワット、同じ体重あたりで比較すれば、人間は太陽の1万倍のエネルギーを作り出し、消費しているということになります。

これが、生物と無生物との違いです。この特異性は、生物を構成しているたくさんの物質は、たがいに複雑に絡み合い、情報を交換し合って、新しい高度なシステムを作り上げていくことから生まれるものです。

たしかに、それら要素物質の一つ一つは、単純なオンオフの選択動作をするだけですが、膨大な集合体になると、全体のシステムとして、きわめて微妙な変化に対応できるようになります。そこから生まれるのが、生物の感覚です。

私たちは、危険を感じると、鼓動が早くなって、酸素の供給量を増やし、回避行動への準備をします。手に汗が出て、自衛のための武器を持つ手が滑らないように準備します。その時に応じて心臓を動かし、呼吸をコントロールしているのは、一体どこの誰なのでしょう？　食物を口に運び、咀嚼《そしゃく》するところまでは、個人が行うのですが、その後、消化して、生きるためのエネルギーを作り出す作業は、どこの誰がしているのでしょうか？　普段、何気なく生きている私たちも、いざ体が不調になると、生命活動の不可思議さを実感します。病も健康と背中合わせの存在のようです。

いうまでもなく、私たちの体は物質でできています。その70％は水、水素と酸素の化合物です。そして、生命の素になるアミノ酸やたんぱく質をつくる主成分は炭素やチッソですが、これらの人体構成元素を多い順から並べてみると、人体も宇宙も同じ順番です。人間も宇宙の「ひとかけら」だということですね。しかし、物質と生命は明らかに違います。生命の最小単位は細胞ですが、その特徴は細胞内部と外界が細胞膜で峻別《しゅんべつ》されていることです。そして、細胞膜はリン脂質と呼ばれる100万分の3ミリくらいの小さな分子たちがデタラメに動こうとする性質と、規則をつくろうとする性質が拮抗《きっこう》することによって構成されています。つまり、生命体が一生を終えるということは、その拮抗のバランスが崩れて細胞が壊れ、すべてがデタラメという美しい元の世界に戻ることだといってもいいでしょう。デタラメの美しさは、どこまでいっても先が読めないデタラメの王者、円周率πが完璧で美しい円の性質であることと関連しています。

一粒の種を地に撒《ま》くのは私たちです。しかし、その種が芽を吹き、花をつけて実を結ぶ力は、その種自身の中にあります。種を撒く人は、どの時期に、どこに、どのように撒くかを考えていさえすれば、あとは、種自身の力で育ちます。

実は、教育も同じです。必要としない時期に余分な知識を押し付け、個性尊重という美名のもとに、児童や保護者の顔色をうかがいながら、肝心なことをきっちりと教え込まない学校教育が横行しています。教育とは、まず、種が育つために必要な最低限の環境を整え、発芽のきっかけ作りをすることだと思っています。

進化は滅亡とともに

人生は物質循環のひとこま

月日が過ぎてゆく速さは、年を追うごとに、加速していくように思われてなりません。といっても、時間が進む速度を測定するわけにもいかず、一体、時間とは、何なのかと、謎は深まるばかりです。考えてみれば、10歳の子どもにとっての1年は、これまで生きてきた時間、つまり10年間という人生の10分の1、その一方で、60歳の人にとっての1年とは、これまで生きてきた人生の60分の1ですから、私たちが時計で測る時間を基準にして考えれば、60歳の人が体験している時間は、10歳の子どもの時間の6倍の速さで、過ぎ去っていくということになりそうです。ふと、ドイツの文豪、ゲーテの代表的大作『ファウスト』の中で、老いてゆく自分と、今を盛りと咲き誇る美を対峙《たいじ》しながら、〝時よ、止まれ！〟と主人公が叫ぶ場面を思い出します。

そういえば、ある年の暮れに、長年使い込んだ万年筆を2本そろってなくしました。あらゆる手をつくして、探し回りましたが、結局、見つからず、どこかに旅立ってしまったようです。駅や宿泊先の遺失物係にとっては、決して珍しい紛失物ではありませんから、たかが万年筆2本くらいで、といった感じになるのは当然のことだとは思いますが、実は、万年筆という代物は、時間が作ってゆく筆記用具なのです。つまり、長い年月をかけて、持ち主がペン先を育てていくものだといってもいいでしょう。全く同じタイプの万年筆があったとしても、時間を取り戻すことはできません。楽器も、弾きこんでゆくことによって、美しい音になってゆきます。しかし、その行き着く先は摩滅という終焉《しゅうえん》です。ものが育ち、よりいいものに変わっていくということは、逆に考えれば、滅亡への道を歩んでいくことの裏返しです。このように、物事の移ろいゆく情景には、常に、事柄の両面が共存しています。以前にも、お話ししたように、星が輝き続けるのは、自分の重さで押しつぶれようとする力と、内部で発生しているエネルギーによって、拡がろうとする力が釣り合っているからです。しかも、拡がろうとする力は、縮まろうとする力が生み出しています。つまり、その力が内部の温度を上げ、核融合反応を生み出しているからです。反対向きの力が、互いに影響を及ぼし合い、バランスを取りながら、星を存在させているということですね。そこで、核融合反応に必要な燃料が枯渇してくると、二つの力の均衡が崩れ、星は木っ端みじんに飛び散ります。その星のかけらから、次世代の星が生まれます。私たちの人生も、そのような壮大な物質循環の一こまなのです。

言葉を変えれば、それぞれの時期には、それぞれの良さと存在の意味があるということでしょう。多元的な価値を並列的に認め、極端な答えに固執することなく、中道を選ぶ生き方こそが、〝悟り〟への道なのかもしれません。

5

宇宙は関わり合いでできている

★笑いの宇宙論

拈華微笑《ねんげみしょう》。美しい言葉ですね。これは、釈迦《しゃか》が霊鷲山《りょうじゅせん》で説法していたときに、花をひねり大衆に示したところ、誰もその意味がわからず、ただ、摩訶迦葉《まかかしょう》だけが真意を知って微笑した、という伝説の場面を言っている言葉です。禅宗でいう以心伝心で法を体得する妙を言っているのでしょう。（それは、かすかではあるけれども阿弥陀《あみだ》像やマリア像にみられる微笑とも共通しています。）

ところで、「笑い」とはいったい何でしょうか。日常経験からすれば、「人が笑うのはあたりまえだ」と思っている人が大半でしょうが、いざ、笑いとは？　と問われれば明快な答えには窮します。ただ、専門家によれば、「笑い」は人間特有の現象であって、他の動物がいかにも笑っているかのように見えても人間の「笑い」とは別物だということは確かなようです。

私たちが笑う場面を考えてみると、一つは「快」の感情の表現であり、もう一つは自分が発する詞のしめくくりなど通常の会話の中で人と人との間の緊張をほぐし、競争意識を解消するなど、たがいを結びつける役割を担うものです。

大好きな人とおいしいケーキを前にして、うれしさのあまり、体をよじって笑う子どものしぐさや、初対面のあいさつでのほほ笑みなど、その典型です。その半面、内輪の笑いは外部の人を締め出す脅しにもなるわけで、周囲の雰囲気を操作する力ももっています。「笑い」は相手があってこそのコミュニケーションの道具なのです。

人間世界には、モナリザの絵画や仏像などの彫像に見られる絵画や仏像の彫像に見られる古典的なアルカイックスマイルから現代の大笑い、英語でいうlaughにいたるまで、多種多様な笑いがあります。いずれも、他の哺乳類に比べて人間の「笑い」が顕著なのは、人顔の表情変化をつかさどる表情筋の数が多いからだとも言われていますが、それらは人類の進化のプロセスと大きく関わっているようです。実は、大哲学者カントさんによれば「笑いとは、緊張した予期が突然無になることから生じる情動」だと言います。しかし、現実が予想以上であった時の笑いと予想以下であった時の笑いには違いがあります。前者は交感神経の緊張から、驚きや満足、快に直結しますし、後者は、副交感神経が優位になって、有害なものを吐き出す所作であり、失笑や照れ笑いを発現します。

そこで、笑い声ですが、一言で表現するとすれば、ハ行の音に集約されるところが面白いですね。つまり、ハハハ、ヒヒヒ、フフフ、へへへ、ホホホです。いずれも呼気を短く区切って発音するのが特徴ですが、これは、二足歩行だからこそできる動作だと言われています。四足歩行の動物では、歩行と呼吸がシンクロしていて、歩行と独立して呼気ができないからです。「笑い」は哺乳類の中で、唯一、立ち上がって歩行できる人間だけの特徴だということになりますね。

ところで、笑いの表情をつくるのは顔面に張り巡らされている表情筋と呼ばれる筋肉です。それらが収縮することによって、目と鼻、口元、眉毛などが動いて豊かな表情を作り出しています。また、スマイルの表情を解剖学的に見ると、赤ちゃんがお乳を吸う時と筋肉の動きは同じなのだそうです。スマイルこそ静かな「満足」の証しだということになりますね。

★ ユーモアの効用

「ねえ、センセ、あたし、寂しさになれちゃうのいやだな……。寂しさの半減期ってあるよね」

お目々をくるくるさせながら、読書大好きの女の子から聞かれたことがあります。そう、みなさんもご存じのように、放射性元素の原子が放射線を出して崩壊し、その数が半分になるまでの時間、言い換えれば、放射性物質から放出される放射線の強さが半分になるまでの時間を半減期と呼んでいます。その物理学用語を日常語に取り込んだ感性はすばらしいですね。

おそらく、仲良しのお友達が引っ越してしまった寂しさの度合いの変化を気にしての質問だったのでしょうが、脳の中の記憶のメカニズムの明確な表現そのものにもなっています。つまり、寂しいという感情は、やや強引に言ってしまえば、脳の中の分子配列が「寂しい」配列になるから生まれるのです。しかしそれは外からのいろいろな刺激を受けているうちに崩れ、やがて寂しい気持ちが薄れてきます。「うれしさ」や「悲しみ」といった感情も同様です。

実は、このメカニズムが時間という感覚を生み出していると考えることもできます。「目はものを見るために、耳は音を聴くために、そして心は時間の流れを感じるためにある」という名言を残したのは、名作童話『モモ』を書いたドイツの作家、ミヒャエル・エンデでした。

過ぎていくように感じる客観的時間の基準といえば、それは年齢、とりわけ生活年齢でしょう。地球の自転にあわせて刻んでいく時間で、カレンダーをめくるように加算されていくので、自分の自由にはなりません。

もうひとつの年齢は生理的年齢です。これは健康であることによって保障される年齢ですから、健康管理に気をつけていれば、加齢の速度をコントロールすることは可能です。

さらに、心の持ちようで、いつまでも若々しくあり続けることができる心理的年齢があります。米国の詩人、サムエル・ウルマンが「青春」という作品の中でいっているように「青春とは人生のある期間のことではなく、心の様相である」ということですね。では、様相とは何でしょうか。それは、どんな状況にあっても、それがどんなにささいなことであっても、生きていたからこそ出会えた喜び、「生きがい」を発見することでしょう。

それには、ユーモアの精神を失わないことが大きな原動力になります。ジョークは頭で考える理屈ですから、皮肉や攻撃的要素を含みます。一方、ユーモアは、たとえ自分が苦境にあったとしても、それにもかかわらず笑いを相手と共有することであって、相手に安らぎの気持ちを与える思いやりと共感を含みます。

さて、寂しさに半減期を結びつけた表現ですが、そこには、寂しさを客観化する冷静さに加えて、一方では、ずっと相手に寄り添っていたいという気持ちがほどよくバランスしていて、寂しさの中に一瞬小さな明かりがぽっとともったような温かさを感じます。エレガントなユーモアがもつ不思議な効用です。

★……………………………ふれあいから言葉へ

「最近、イヌの皮膚病が深刻でしてね」

「……？」

先日、獣医さんと話していた時のことです。イヌ、ネコ、サル、ゴリラなど哺乳《ほにゅう》類の大半には、毛づくろいといわれている行動、つまり「なめる」という仕草が見られますが、これは「愛情の流入」を意味するのだそうです。

ところが、動物自身のストレスがたまってくると、自分で自分の体をなめるようになり、その結果、皮膚病にまで発展するということなのだそうです。どうやら、最近の獣医さんの仕事は、動物の病気や怪我《けが》を治すことだけではなく、動物にストレスを与えないような正しい飼い方を飼い主に教えたり、さらには、カウンセリングもどきのことにまで仕事の範囲が広がっているのが現状だと嘆いていました。

実は、哺乳類の一種としての人間にも、〝毛づくろい〟という習性の痕跡がたくさん残っています。やさしく愛撫《あいぶ》したり、とんとんとタッピングすることによって得られる安心感、あるいは、思わず抱きしめてほっぺたに唇を寄せたくなるような愛情表現です。

ところが最近では、他者の体にふれることができない子どもたちが急増しているといいます。しっかりと手をとりあったり、抱き合ったり、あるいは相撲をとるといったような接触行動ができなくなっているというのです。もちろん、不必要に相手の体にふれるのは避けねばなりませんが、常に自分の周りには防御線を張り巡らし、相手から触れられることを拒み、逆に相手に触れる場合は、生きていることの温かみを感じるためではなく、「もの」としての相手への攻撃行動になるという傾向です。

いうまでもなく、私たちは他者や環境の助けなしには生きられません。そこには、広い意味でのコミュニケーション、たとえば「呼吸するということは自然とのコミュニケーションである」という視点に立てば、あらゆる場面においてのコミュニケーション能力の有無が生死を分けています。しっかりと相手を抱きとめるということは、言葉の発明以前に哺乳類たちが習得していた根源的なコミュニケーションの方法です。

昨今の世情にみる不幸な出来事の原因は、ほとんどが互いのコミュニケーション不足が原因である場合が多いようです。

インターネットという仮想空間への引きこもり、隣り合わせの事務机に座っている人同士でさえも、「言った」「聞いてない」というトラブルを避けるために、証拠となるメール交換が常識になりつつある現代社会。体を介したコミュニケーションが難しくなってきています。それは見方を変えれば、人間個人が獲得した能力への過信から、自然や他との共存を忘れ、ひいては他者とのコミュニケーションを素直に受け取れなくなってきているからでしょう。

ところで、歌を歌うという営みは人間特有のものです。その根底には、互いのコミュニケーションなしには生きることができない人間にとって、言葉よりも以前に、音がコミュニケーション手段だったという進化の歴史があります。

考えてみれば、私たち哺乳《ほにゅう》類の祖先が言葉を獲得した背景には、地球の環境変化という原因があったようです。つまり、地球への天体衝突や地軸の変動などで到来した乾燥期に対応できるように気道が長くなり、呼気の共鳴がしやすくなったことが言葉を生み出したようです。それに加えて、乾燥した環境は、個体同士の直接の接触を可能にして、そこから、抱き合うという情愛行動が誕生したとも考えられています。いわゆるスキンシップのはじまりです。このように、現代の人間の行動様式は、すべて過去の地球の状況をひきずっているということですね。

実は、まったく光の入らない漆黒の闇を実現した空間に入って、視覚情報を完全にシャットアウトすると、人間にとっての根源的コミュニケーションが聴覚と体同士のふれあいだということに気づきます。音楽や舞踊などの表現芸術の発祥もそんなところにあるのかもしれません。

小鳥のさえずりに音楽の文法

ハンガリー生まれの作曲家でありピアニストでもあったフランツ・リストの作品に、「小鳥に説教するアッシジの聖フランシスコ」という名曲があります。右手が小鳥のさえずりを奏で、左手の音でフランシスコの語りを奏でます。そして話を聞き終わると、小鳥たちは十字を描きながら飛び立って行くという情景描写が感動的な名曲です。

さて、聖フランシスコは、イタリア中部アッシジに生まれ、12世紀から13世紀にかけて、謙遜と服従、愛と清貧に徹し、人間と自然の共鳴をうたい、ウサギ、セミ、ハト、ロバとも話ができて、村人を恐怖に陥れていたオオカミを回心させたという伝説でも有名な聖人です。１９８０年には、当時、ローマ教皇位にあったヨハネ・パウロ2世によって「自然環境保護の聖人」と呼ばれるようになりました。

ところで、最近の研究によれば、小鳥と人間はとてもよく似た脳の構造をもっていることが明らかになってきています。音声を学習できる能力があり、もともと自分がもっている発声能力に、よそからの音情報をいれながら学習し、ひとつの文法にそって言葉としての「さえずり」をしているのだそうです。イヌやネコは、ただワンワンとかニャーニャーとしか鳴きませんが、小鳥は人間の言葉でさえも、まねできる唯一の生物なのです。

たとえば、ジュウシマツでいえば、「さえずり」の音を分析すると、8種類の音素があり、それに、よそからの音を学習しながら、単語に相当する音形の組み合わせを作ります。そして、それらをつなぎ合わせる文法があって、文章として言葉表現になっていることが確かめられています。

これを、音楽の楽譜にたとえれば、楽譜は横軸を時間にして縦軸を音の高さとしたグラフですから、「さえずり」の周波数も音の高さなので小鳥のさえずりを楽譜に表すことができるのです。そこから見えてくることは、小鳥のさえずりと音楽の文法がとてもよく似ているという驚くべき事実です。

たとえば、音楽のひとつの形式である「ソナタ」。すなわち、最初に主題になる旋律が提示され、それが展開して変奏され、やがて最初の提示部が再現されるという形式です。「さえずり」にも同じような音の起承転結が確認されています。人間と小鳥の脳には共通点があり、それは、大脳皮質運動野と延髄呼吸中枢が連動しているために音声学習が可能になり、それが言語表現能力の獲得につながっているらしいのです。

つまり、こうした小鳥の鳴き声の分析的研究から、人間がどのようにして言葉を獲得してきたのか、「うれしい」「悲しい」というような情動の起源や表現方法、さらには音楽がなぜ人の心に訴える力をもっているのか、などという根源的問題への答えが見えてきます。すべては音に始まり、その音が記憶されている脳の部位の間でどうつながるかが言語の出発点になったようです。小鳥と人間と音楽が、こんなつながり方をしていたなんてすごいですね。

宇宙は音に満ちている

花だよりもちらほら聞こえてくるこのごろです。そしてこの季節といえば、参列した人たちが声を合わせて式歌を歌う式典の季節でもあります。高い声、低い声、静かな声、元気な声、さまざまな声色ですが、同じメロディーを歌います。

実は女声と男声の基本的な違いは、音の高さにあります。いうまでもなく、声は、肺から吐き出す空気が声帯と呼ばれる喉の膜を振動させることによって生まれます。つまり、膜の振動がまわりの空気を揺り動かし、その波が伝わっていくのが音の正体です。

音は、空気の振動が鼓膜を刺激して、そこから生まれる電気信号が脳に伝わることで聞こえますが、私たちの耳がキャッチできる範囲（可聴領域）は20ヘルツから20キロヘルツくらいです。「ヘルツ」は1秒間に振動する回数のことです。たとえば、ラジオの時報でおなじみの「ピッ、ピッ、ピッ、ポーン」は、最初の音が440ヘルツの音で、ピアノでいえば真ん中あたりの「ラ」、ポーンはその1オクターブ上の「ラ」で880ヘルツの音です。

ところで、ピアノの調律やオーケストラの音合わせの基準は、440ヘルツの「ラ」音が使われます。赤ちゃんの泣き声が、この「ラ」に近い音だというのがとても不思議です。

さて、男性と女性では体の大きさや構造が違っていて、楽に動かせる振動数が違っているので、同じ旋律の歌であっても、男声の方が女声よりオクターブだけ低くなります。たとえば、ハ長調の「ラ」の音を出そうとすると、女声は1秒間に声帯をおよそ440回振動させますが、男声では、その半分の220回です。にもかかわらず、二つの音は共鳴しあって違和感はありません。

ピアノの鍵盤で、1オクターブの間隔で同じメロディーを弾いてみると、二つの音はぴったり重なって、あたかも一つの音が鳴っているかのように聞こえてしまうこともあります。これは、振動数の比が1対2になっていると、振動数が小さい波の中に、振動数が2倍の波がすっぽりと入ってしまうからです。さらに、振動数の比が2対3になると「ド」の音に対して「ソ」になり、4対5対6の場合は「ド」「ミ」「ソ」になります。音楽の中に数学の規則があるのですね。

しかも高い音は声帯の緊張度も高く、それを緩めるために低い音を目指す傾向がありま す。水が高い方から低い方へ流れるように、音も低い方に行きたがる性質をもっています。おそらく、高い声の発声には、低い声よりも声帯を緊張させねばなりませんから、高い音の後には、低い音に落ちつきたいという自然のメカニズムが働くためでしょう。音の世界にも重力があるかのようです。

また、「静寂」は音楽にとっても重要な要素です。つまり、音がない休止が次の音への準備になり、また、音が鳴り止《や》んだ後の余韻になります。人間の感覚は変動を通して知覚していますから、音が鳴り続けていると、いつのまにか慣れてしまって聴こえなくなり、音が止んだ瞬間、逆に音に気づいたりします。また、音楽は音の変動の流れですから、ひとつの音に至るプロセスが最も重要な要件になります。

目には見えない音ですが、そこに数学や物理学の法則が働いているというのは面白いですね。だからこそ、中世のヨーロッパでは、音楽が数学や論理学と同じような学問として扱われてきたのでしょう。世界の構造を明らかにしてきた数学や物理学の法則が音楽の中にあるとすれば、音楽も、宇宙を表現するための一つの学問だと考えたくなりますね。

さて、宇宙から私たちにもたらされるすべての情報は、何もない真空の宇宙空間を伝わることができる唯一のもの、電波を通しての情報です。ところが、その電波は波の一種で、すぐに音に変えることができますから、一足飛びに言ってしまえば、宇宙は音に満ちているということになります。宇宙や星も歌っているということでしょうか。その歌から数学で宇宙を読み解こうとするのが科学者、言葉では表現できない宇宙の様相を音で描こうとしているのが音楽家です。

★言葉のすごさと危うさ

さて、人類の最大の発明は、と問われれば、それは言葉だといってもいいでしょう。人間は、この地上に存在する哺乳《ほにゅう》類の中で、唯一、「考える」生き物です。その「考える」という能力を生み出す根源となったものが、言葉の発明でした。

ここで、私が「イヌ」という言葉を口にしたとき、それを聞いたみなさんは、今、ここに「イヌ」がいなくても、四本足でワンと吠《ほ》える犬を連想されるでしょう。

それが言葉のすごさです。それぞれの個性は違っていても、似た種類のものを十把一からげに表現できるというすごさです。しかし、よく考えてみれば、どの1匹の犬をみても、すべて個性があり、異なっています。じつは、そこに、言葉が持つ負の側面があります。あくまでも、言葉は現実や実在の一側面を切り取ったものですから、その表現と中身との間には、いつもズレが生じています。

その一方で、動物たちは、言葉を持たない代わりに、極めて高度な感覚を持っています。解剖学者の養老孟司氏によれば、「ネコ」さんは、言葉の理解はできないけれども、自分の名前を呼びかける人の声の音の高さで聞き分けているといいます。ある意味での絶対音感です。人間も、乳児の時期には、十分な言葉を持っていませんから、成人にはない感覚を持ち備えているはずです。それは、言葉を介さないで行う根源的コミュニケーション、その人の心の情動こそが醸し出す〝何か〟です。口先から発せられる言葉以前に存在する心からの直接の発露とでもいうべき情報でしょう。

十分に日本語もできない小学生への英語教育が叫ばれる今日の教育現場に、まず必要なことは、〝感じる心〟の涵養《かんよう》でしょう。愛し子イエスを喪った聖母マリアの悲しみが希望へと変容していった背景とは、「言葉を超えてすべてを受け入れた」ということであり、それは、言葉をもたないが故に、すべてを受け入れてきた動物の死に直面した時の悲しみにも通じます。

★……………………………………………………論理性とあいまいさ

「宇宙は〝なにもないところ〟から誕生しました」

「……？」

「そして急速に膨張しながら温度を下げ、物質の素になる粒子が生まれました」

「……？」

〝なにもない〟とは、どういう状態をいうのでしょうか。膨張するというのならば、まず最初に膨張する場所としての空間、入れ物があったのではないでしょうか？　宇宙誕生の話をする時に、いつも皆さんを困惑させてしまう表現です。数学ではとてもすっきりと説明できるのに、日常の言葉を使うと、あいまいな表現になってしまいます。


さて、言葉には二つの働きがあります。「今日は晴天です」というように、状況や情報を伝える機能。もうひとつは「気持ちのいい天気ですね」というように、心で感じたことを伝える働きです。これらの表現は、いずれの場合も、頭の中で単語を入れ替えたりつないだりしながら、どうしたら相手に正しく伝えられるかを考えた末に出てくる言葉です。私たちは、じっと黙って考え込んでいる時でも、脳の中にはたくさんの言葉がうずまいています。世界中どの国の子どもたちも、人から教えられなくても母国語を自然に話せるようになりますが、考えを正しく伝える文章をつくるには、そのための訓練が必要です。日本語が話せても、国語が苦手だという人はたくさんいますね。話すことと文章を書き、理解する能力は別のことなのです。

議論する哲学者として歴史に名を残している古代ギリシャ時代のソクラテスは、言葉の不完全さを逆手にとって、他者に議論を挑んだことで有名です。政治家をつかまえては「あなたは政治家ですよね。国民にとっての良い政治とは何かを教えていただけませんか。私は何も知らないのです」と問いかけます。そして問い詰めて、相手の無知を暴露していくというやり方です。特徴は、相手の主張について誤りを指摘するだけで、自分からの提案はしなかったということのようです。

これは、言葉というものによる論理的表現の難しさを物語っている事例です。たとえば、「あなたは戦争が好きですか」と聞かれて、「いえ、嫌いです」と答えたとします。それを

受けて、

「なるほど、お嫌いなのであれば、あなたはそれゆえに何をしていますか」

「いえ、別に、戦争は嫌いだと思っているだけです」

「そうですか、そうだとすれば、あなたは戦争をするといっているのと同じですね」

言葉のやりとりだけでいえば、いささか詭弁《きべん》とも思えるこういう会話が成立してしまいます。


単語をつなぎ合わせて、しっかりと意味を伝えるには、算数と数学を学ぶ時と同じような脳の働きが必要です。たとえば、「紺色のスーツのボタン」と書いただけでは、スーツが紺色なのか、ボタンが紺色なのか分かりません。しかし文の続きが「……が一つ」となれば、スーツならば1着となるはずですからボタンになるでしょうし、あるいは「紺色のスーツについているボタン」といえば、はっきりします。

私たちは日常生活の中で数字を当たり前のように使っています。しかし、2とか3とかいうような数字は現実には存在しません。リンゴが2個というときに、はじめて2の意味がでてくるだけで、数字そのものは実在しません。ところが、2かける3は6という関係は、正しい論理として存在します。

つまり、宇宙のからくりを数式で示した場合、それをどのように言葉で解釈するかということが、その人の目に映っている宇宙の姿だということになります。深遠な数式で表現できたからといって、宇宙がわかったとはいえないのです。

さて、文章で正しく状況を説明するには、数学を解いている時のような論理性がなければなりません。しかし、その一方では、言葉のあいまいさが、ものごとの擬人化などを通して話し手、聞き手の双方に想像力を呼び覚まし、〝心で感じられる〟出来事として直感的な理解へ導く働きをする場合もあります。

私たちが花を見るとき、そこにはまず花があるのであって、〝花が美しい〟という様態が存在するわけではありません。美しいというのであれば、その説明が必要です。華道でいえば、まず花の命があるのであって、それを美しく表現するのが華道家の仕事です。

現代は、物事の真偽、正邪など、すべてを言葉によって規定し、それを判断基準にして動いていますから、言葉の奴隷だといっても言いすぎではありません。しかし、日本語表現には、人間が成し遂げたもっとも偉大な発明のひとつである言葉が持つこのような負の側面を補う機能が備わっているように思えてなりません。万葉集に収録されている山部赤《やまべのあか》人《ひと》の短歌、「春の野にすみれ摘みにと来し我ぞ野をなつかしみ一夜《ひとよ》寝にける」では、〝野をなつかしむ〟というあいまい表現が、帰ることさえ忘れて一夜明かしてしまったという状況を巧みに表現しています。

地球と月との間に作用している引力は、目に見えません。しかし「互いに引き合っている」といえば、綱引きの情景が目に浮かぶでしょうし、引力は重力子（グラビトン）という小さな粒子を交換している結果だという理論も、キャッチボールをしている人は互いに離れることができないという場面を想像することから理解できるでしょう。

谷川俊太郎さんに倣えば、天体間の引力を「引き合う孤独な力」と表現することで、壮大かつ空虚な宇宙空間のイメージが描けるでしょう。そこに言葉遣いとしての詩人の出番があります。科学と詩の世界は、意外に背中合わせの近いところにあるようです。

「考える」という営み
夢から紡ぐ現実

〝最終列車〟ということばに、何かしら心惹《ひ》かれる想《おも》いを抱くのは、私だけでしょうか。駅に着くたびに車内の人影が少なくなり、自分の下車駅で見送る列車の赤い尾灯が闇に消えていく様子は、まだ見ぬ明日への曲がり角へといざなう夢の入り口のようです。あるいは列車に乗っていなくても、灯火の明かりが水面に揺れる湯船につかりながら、静寂そのもののかすかな夜風にのって、遠く近く響いてくる終列車の走行音が聴こえてきたりする夜には、永遠の中に生きているような不思議な安堵《あんど》感に包まれます。そして、近隣の森では、その音に誘われるかのように空が木立の所まで音もなく舞い降りてきているはずです。それはまるで19世紀ドイツの抒情詩人、アイヒェンドルフの世界のようでもあり、星月夜であれば、夢幻美の極みとでもいいたい能の作品「吉野天人」の一幕を思い起こさせる風景でもあります。

このような言い方をすると、まるで夢想家などと言われそうですが、「夢を描き」、それを「抽象化し」、さらに「実践する」ことによって「現実を創《つく》りだす」ことが、人生であるともいえます。それは「考える」能力を持つ人間にしかできない営みだからです。夢みることが幻想であったり、妄想であったりしては大変ですが、それを正していく論理的尺度の一つが科学です。例えば、水平線の彼方から近づいてくる船はまずマストの先が見えて、それから船体が見えてきます。その情景から地球は丸いという事実を知ることができます。丸いことが分かれば、海の先には何があるのだろうと想像をめぐらすことになります。そして、もしも光が地球の周りにそって走るのであれば、自分の背中から出た光が地球を一回りして海の彼方に自分の背中がぼんやり見えているかもしれないなどと夢想することから、相対性理論やブラックホールの理論が芽生えました。

このように、物事の姿が丸ごと見えていなくても、推測によって、その全体像を見極めることができるのは、〝考える〟ということができるからで、それは、人間だけに備わっている能力です。

それでは、海岸に立って、水平線の彼方《かなた》を見通せる距離は、どのくらいだと思いますか？　まず、地球を完全な球体であるとして、地球の中心をO、沖を見ている人の目の位置をA、見えているぎりぎりの場所、つまり視線と波が接する地点をBとします。そのとき、三角形OABは、角Bを直角とする直角三角形になりますから、よく知られた〝ピタゴラスの定理〟つまり、斜辺OA（地球の中心から見ている人の目の位置までの距離）の長さの2乗は長さOB（地球の半径）の2乗と長さAB（見通せる距離）の2乗の和に等しくなります。

そこで、目の高さを砂浜から1メートル50センチ（0・0015キロ）、OBを6400キロとして、ABの長さを求めると、およそ、4キロ。それより先は、波の下。地球って、私たちが感覚的に想像しているより、ずっと小さいのですね。ということは、左右の視界が開けた海岸に立っても、地球が丸く見えることはありません。

ところで、地球儀を枠からはずして、今、自分が住んでいる場所を真上にして、南北方向を合わせ、日なたにおいてみましょう。地球儀に当たっている太陽光は、実際の地球に降りそそいでいる太陽光と同じ状況になりますから、今、この瞬間に、地球上のどこに夜と昼の境界線があるのかなど、そのまま一目瞭然《りょうぜん》です。本物の地球の自転が、地球儀を動かしているというわけですね。ちょっとした工夫で、普段、見過ごしている現実を実感できるのも「考える」ことの妙味です。

私たちは縦・横・高さがある三次元の立体を縦、横しかない二次元の平面の上に描くことができます。人々の叫びや怒涛《どとう》の音が聞こえてくるような絵画もあります。ところが、最近、話題になっている3Ｄ映画やテレビは、必要以上のリアルさを押し付けるあまり、人間の想像力を減退させるのではないかと心配です。情報量の多さが人間の特徴である「考える」という能力の発達を阻害して、即物的な情報をそのままうのみにするという状況が生み出されているように感じられるからです。

★集団を遍歴する人間

ある動物学者の話によれば、集団の間を自由に遍歴できるのは人間だけだということです。私たち人間は、幼稚園から小学校、中学校と、たくさんの違った集団の間を当たり前のように経由して、学校を終えると就職しますが、そこでも、就職先を自由に変えていくことが可能です。いえ、それだけではありません。結婚して家庭を持てば、主婦になり、母になっても、いったん家を出て学校に行けば「先生」に変身し、同窓会に行けば、「××ちゃん」になります。

さて、この地球上には、4500種類あまりの哺乳《ほにゅう》類がいて、その中の300種類が霊長類と呼ばれる仲間ですが、ほとんどの霊長類はひとつの集団から離脱すると、二度とそこには戻れなくなるのだそうです。生物学的には、サルと同じような体をしている人間だけが、どうしてこんな渡り歩きができるのでしょうか。

すでに何度かお話したことですが、サルやチンパンジー、ゴリラといった霊長類の中で、人間の特徴は二本足で上手に立ち上がり、歩くことができるようになったことです。そのために、背骨の上に頭を載せられるようになり、その結果、大きな脳を持つことができるようになりました。大きな脳とは、「考えること」ができる脳のことであり、「考えること」とは、未来の予測、想像ができるということでしょう。この考える能力は、他者の痛みを自分のこととして想像し、受け止めることができるという意味で、「共感」を生み、集団生活を円滑に営む上での有力な能力にもなってきました。しかし、その半面、「思い込み」によって他者を傷つける原因にもなります。そこで、お互いの気持ちのズレを補正するための生活の知恵が、ともに食卓を囲むという食の習慣だったのではないかと私は考えています。サルたちにとっては、「食べる」という行為はきわめて個別的な行為で、ともに分け合うという「共食」はありません。

このように、人間がより質の高い集団生活を営むようになった背景には、直立することによって狭くなった骨盤の間から大きな完成した脳をもつ赤ちゃんの出産が困難になったために、脳の変形が自由な、未熟な状況での出産を余儀なくされ、その結果、皆で育てる教育が必要になったからでしょう。霊長類の中で「教育されねばならない」唯一の動物が、人間なのです。しかも人間はゴリラなどと違って、離乳時期も早く、成長が急速です。そのためには、いろいろな教育段階が必要になり、たくさんの集団を遍歴できるように進化してきたのでしょう。私たちが今、経験しているあらゆる行動や社会機構の中に、人類進化の痕跡がたくさん残っているようですね。

★……………アナログ的感覚に人間らしさ

物理や数学を生業《なりわい》としているというだけで、すべてを数字で片付けるのが得意なのではないかという誤解を受けることがあります。

先日、哲学者や宗教学者の先生方との研究会で宇宙の始まりについて議論をし、宇宙の開闢《かいびゃく》から10のマイナス43乗秒（0の後に小数点をうって、その後に0を42個つけて1と書いた秒で、〝プランク時間〟と呼ばれている時間です）以前には原理的にさかのぼれない、という話をした時のこと。「先生は、『神』という言葉を一言も発しないで、神のことをお話しなさったのですね」と評されたことがありました。それは、私たちがさかのぼれない時間に、「宇宙あれ」という号令をかけた存在こそが神であり、私たちの思考の域を超える出来事だったといわざるをえないと思われたからでしょう。数字を扱う自然科学者でさえ、数字だけで議論することの限界を認めているわけです。

さて、話は変わりますが、かつて、くるまの速度計の誤差について調べたことがあります。方法は、高速道路を一定速度で走行しながら、路肩に設置してある距離ポスト間を通過する時間を測るというやり方です。その経験から分かったことは、一定速度を保持する走行には、速度が細かく数字で表示されるデジタルメーターよりも、文字盤の上を針が動くアナログメーターの方が優れていたということです。時速1キロ単位で速度が表示されるデジタル式では、一定速度を保持するためのアクセル操作が煩雑になり、結局、一定速度で走ることが難しくなってしまうのです。

　時計についても同じようなことがいえます。放送局のスタジオで話す時も、デジタル時計で、あと何秒などと表示されると、時間に身を刻まれる思いがして、話全体をまとめるのに苦労します。

　ところで、数学的帰納法という言葉をどこかでお聞きになったことがあるでしょう。これは1、2、3……というような自然数をnとして、nが1の場合について正しいとします。そこで、任意の自然数kについて正しいとした時、「k＋1」についても正しければ、すべての自然数に対しても成り立つという典型的な証明法です。

　たとえば「年齢がn歳の人＝こどもである」という主張を考えましょう。「n＝1」の時は1歳ですから明らかに正しい。次に「n＝k」の時に正しいとすると、年齢が一つ増えたからといって、こどもが突然、こどもでなくなるわけではありませんから、「n＝k＋1」の時も正しく、従ってこの主張はnのどんな値に対しても正しいということになります。

　でもこれでは、「年齢にかかわらず、人はすべてこどもである！」という結論になってしまいます。これは明らかに間違いですね。つまり、この事例は、ある年齢を境にして、こどもと大人を分けることはできないことを示しています。善悪などの判断をまことしやかに数字で判断することの危険性を暗示した例です。人間らしさとは、アナログ的感覚の中にあるようです。

★……………………………………………

同じ環境が絆をつくる

久しく駐車場の片隅で埃《ほこり》にまみれたシートをかぶったまま、放置されていたそのエンジンは元気よく息を吹き返しました。不朽の名画「ローマの休日」に登場して広く知られるようになったイタリアのスクーター「ヴェスパ」です。飛行機のような一体型フレーム構造で、バッテリーもなく、足で蹴ってエンジンを回すと、連動した発電機が回り、電気が発生して、ガソリンに火が点き、エンジンが回るという何とも単純明快なスクーターです。手動変速ギア付きで、ガソリンに添加するオイルは、平坦《へいたん》な市街地を走るのか、坂道を走るのかによって、杯で計量して適量を混ぜるという原始的、かつ、手のかかるスクーターですが、その独特の排気音には、南欧の海と空の色を思わせるのどかさがあります。

さて、このスクーターを蘇《よみがえ》らせたのは購入時からお世話になっていたIモータースというバイク専門店のオーナーのご子息で、父子2代にわたっての復活劇でした。オーナーと私は偶然にも生年月が同じで、住居地は違っていましたが、大戦当時の空襲や世にも恐ろしい機銃掃射を目の当たりにした経験などを共有していたこともあって、同級生のような親しみを感じていました。同時代に生まれ、同時代を生きてきたという歴史が紡ぎ出す絆のようなものでしょう。

実は、心臓を形成している心筋細胞はバラバラになっていると、それぞれが好き勝手な周期でピクピク脈動していますが、それらが集まると、互いに相手と歩調を合わせるようになり、最終的にはまるで時計のように規則正しく足並みを揃《そろ》えて脈打つようになります。同様にホタルの点滅も最初はデタラメでも、次第に点滅の足並みが揃ってきます。同じ環境に置かれたものたちは、互いに同調し合うということのようです。これは生物でなくても物質がある構造を形成すると、自然に出てくる性質です。

例えば、簡単な例を挙げれば、糸の先に錘《おもり》を付けた同じような振り子を2本作り、それぞれの糸の中間あたりを糸でつないで振らせてみましょう。最初はどう動いたらよいのか困惑したかのようにぎこちなくデタラメに揺れていますが、そのうちに一方の振り子の振れ幅が大きくなると、他方の振り子の振れ幅が小さくなり、二つの振り子が仲良くエネルギーを交換しながら規則正しく動くようになります。

人間の知覚や感情にもそれに似たことが起こっていて、同じ環境を体験した者同士の間には親近感のような感情が生まれるようです。それは相手を変えようとするより、自分が変わって相手に合わせようとする性質だとも言えます。つまり、その方がエネルギーの無駄遣いをしなくて済むからです。言い換えれば、相手を丸ごと受け入れるということですね。これも自然の摂理です。

6

理性のかなたにあるもの

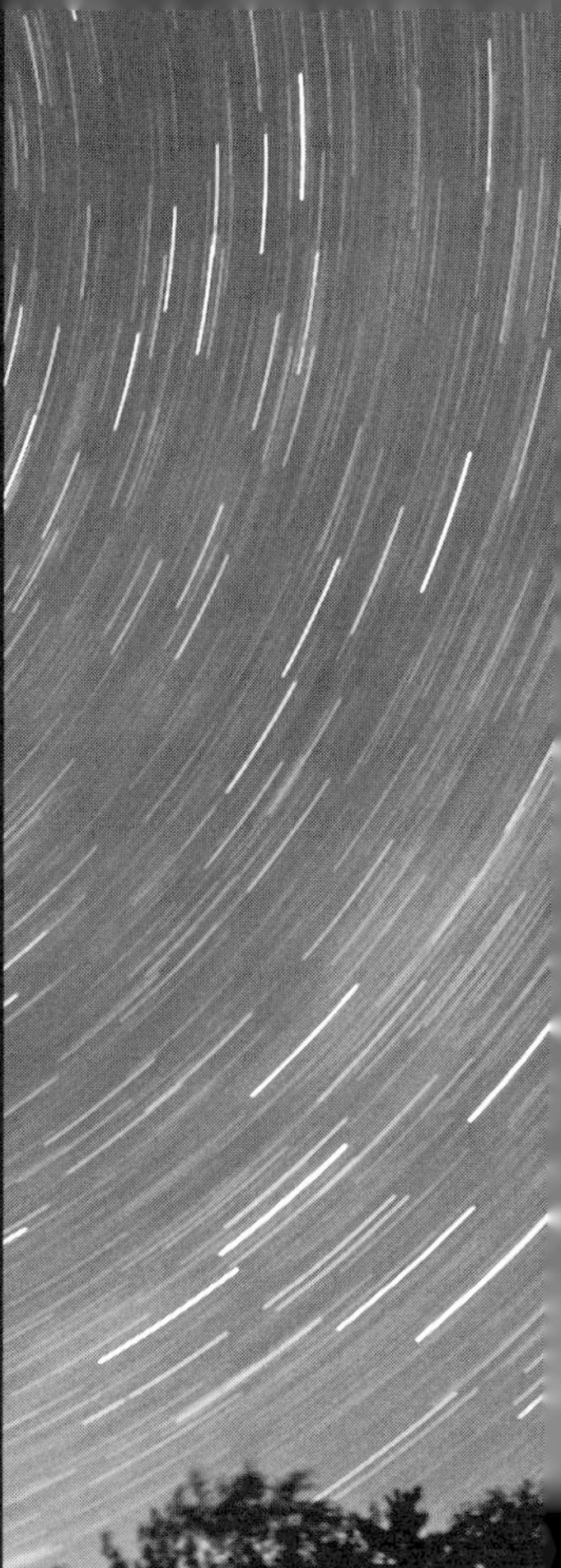

★宗教のまなざし

くるまの自然な流れに身をまかせ、単純なルールに従ってさえいれば、信号の必要もなく、安全に通過できる交差点。その交差点とは、時計回りのロータリーが基本になっていて、そこからいろいろな方向に道が枝分かれしているものです。そして、進入するくるまに課せられたルールは、まず、時計回りの方向に入ることと、ロータリー内を走っているくるまの走行を優先することの二つです。いいかえれば、ロータリーには必ず左折で入り、あとはぐるぐる回りながら、行きたい方向の道路のところで左折して出ればいいのです。

交差点の敷地は大きくなりますが、見通しもよく、あたかも回転ずしのカウンターに座った時のように、右から左へと流れてくる車両の動きに合わせて左折を2回繰り返すだけで、好きな方向へ行けるという合理的かつ優雅な交差点です。諸外国ではよく見かけますが、日本ではまだほとんど見かけません。

ここで、ふと頭をよぎるのが「飛んで火に入る夏の虫」という現象です。これは私にとって、幼少時代からの大きな疑問でした。虫が光を求めて寄ってくるのは理解できますが、どうして火の中に入って死ぬことを選ぶのか……。

答えは単純です。虫は自然の中で生きてきましたから、太陽や月のように、遠くにある光源からやってくる平行光線を感知するような目をもっているはずです。とすれば、飛行方向は、その平行光線との角度を一定に保つことで直進できます。

ところが、ローソクや電灯のように近い場所にある光源から出てくる光は、周囲に放射状に広がっていて平行光線ではありません。そこで、目に入る光線との角度を一定に保ちながら飛行すれば、次第にらせんを描いて光源に飛び込むことになります。これは終焉《しゅうえん》に向かうロータリーです。自然光の中で生きることによって培われた習性が、人工光に出会うと、それは死への誘引になってしまうという皮肉な結果をもたらします。

実は、人間が創り出した宗教も、それと似た状況にあるように思います。宗教は生命体にとって、逃れることができない死からの救済が目的のひとつでしょうが、一方では、その歴史は相互対立、戦い、殺戮《さつりく》の原因にもなってきました。これは、進化論の立場から考えれば、自然淘汰の延長線上にあることとして理解できますが、そんなところに宗教の起源があるとすれば、本当に皮肉なことです。

国内でもめずらしい50パーミルという急勾配《こうばい》と曲線半径100メートルという急カーブを、レールとのきしみ音をたてながら、特急電車がゆっくりと、しかも力強く走っていきます。50パーミルというのは、1000メートル走ると、50メートル上るという勾配を意味する言葉で、パーミルとは「1000分のいくつ」かを示す単位です。パーセントが「100分のいくつ」を示すのと同じです。

この特急電車は、南海電鉄高野線・大阪の難波を起点として、途中の橋本駅を過ぎると、終着の極楽橋まで24のトンネルをくぐりながらの山岳路線になります。うっそうとした森の中や眼下に見下ろす断崖《だんがい》絶壁などが圧巻で、時折視界が開けると、足元の雲の上に島のような山の頂が見えて、まるで世界遺産登録された霊場へと急ぐ天空電車そのものになります。

実は、2011年11月、高野山大学創立125周年記念行事として、チベット仏教の最高指導者であり、ノーベル平和賞の受賞者でもあるダライ・ラマ法王14世と対話する機会に恵まれました。法王のご希望で、純粋な科学をテーマにした対話が、厳重な警備の中、会場を埋め尽くした1000名あまりの参集者を前に繰り広げられました。

私と同年代の法王は、いつもの明るい笑顔と天真爛漫《らんまん》な語り口で、集まった人々に不思議な安堵《あんど》感と温かさを与え続けておられました。とりわけ、今回の対話では、科学の中の宗教性と宗教の中の科学性という視座を通して、全人類の相互理解を深めていきたいという私の想《おも》いを理解していただけたことが一番のうれしい成果でした。

というのも、法王は実によく勉強しておられて、例えば、宗教に限っていえば、ヒンドゥー、ユダヤ、仏教、ジャイナ、ゾロアスター、道教、儒教、キリスト、そしてイスラム教などの最も基本になる考え方が「他者を傷つけない」、つまりサンスクリットでいえば「アヒムサー」に準拠していることを見抜いていて、そこから諸宗教の融合を目指そうとされているからです。それを、科学者の立場からは、物質から誕生した生命の神秘的な変化を科学の目で追いながら、すべての元は一つであり、互いに相互作用しながら進化してきた様相から多元的宗教観が見えてくることを提示したのです。今後も、世界宗教の抑制の倫理について、力強いご支援をお願いしたいと改めて心から思いました。

ステージ上に飾られていた、チベット・ナムギエル僧院の僧侶10人が3日かけて作製した砂曼荼羅《すなまんだら》を思い出します。これはチベット密教で、宇宙の中心である大日如来と修行僧が一体となる方法を示す宇宙地図なのです。宗教の中に、ふとよぎる科学の風を感じる瞬間です。

そういえば、紅葉真っ盛りの高野山の宿坊のお風呂の中で、たまたま出会ったドイツ人僧侶とバッハを巡る音楽談義に時のたつのも忘れたのは、まさに想定外の高野山体験でした。

★

「情」に訴える根源的感覚

またいつか　帰ってくるから
さよならは　いわないで

すこし手を　ふるだけにして
　はらはらと　はらはらと
白いアカシヤの　花がふっている

またいつか　帰ってくるから
さよならは　いわないで
いつまでも　ふりかえらないで
　ほろほろと　ほろほろと
白いアカシヤの　夢がぬれている

またきっと　帰ってくるから
さよならは　いわないで
ポケットに　なみだを入れて
　さやさやと　さやさやと
白いアカシヤの　影がゆれている

日本童謡詩人界の巨匠、鶴岡千代子さんの詩です。３０００曲以上の歌曲を世に残した天才作曲家、中田喜直氏の歌曲によって、ひろく知られるようになりました。現実にその場にいるわけでもないのに、その情景が目に浮かび、はらはらと落ちる葉の音までが聞こえてきそうです。脳科学の立場からすれば、視覚と聴覚が共同して作るものが言語なのですから当然のことかもしれません。

ところで、都会の喧騒《けんそう》の中で見る情景は、物理的な音にかこまれているのに、妙に視覚的です。一方、静かな自然の中では、たくさんの音にかこまれていることに気付きます。私たちが感じる視覚と聴覚の関係は、必ずしも、物理的な現象そのものではなさそうです。

生物学者の見解によれば、人間をふくむ哺乳類にとって、聴覚はとても根源的な感覚だといいます。母親の真っ暗な胎内で過ごす期間には視覚は必要なく、また、安全な食物を選択摂取するのに必要な嗅覚や味覚も、胎盤をとおして栄養を摂取しているので必要ありません。とすれば、母乳を摂取するために必要な触覚も不必要だということになりますね。結局、聴覚だけが優先的に働いて、外界の状況をうかがっているということになります。

そういった観点から考えると、より深い「情」に訴える根源的感覚は、視覚よりも聴覚だともいえるでしょう。ここから、瞑想《めいそう》への導入や宗教的感情をもたらす感覚は聴覚であり、宗教にはある種の音、音楽が伴っているということの理由がでてきます。しかも、その場合の音が言葉であったとしても、優位性をもつのは、その言葉自身の意味よりも、むしろ音の連なりであるということです。

念仏を例にとれば、「南無阿弥陀仏」と書かれた字をみるよりも、実際に「なむあみだぶつ」と唱えてみたほうが、何か心が安らぐような気持ちになります。その場合、「『なむ』とはマリアをたたえる『アヴェ』に相当する言葉で、『すばらしい』という意味の感嘆詞であり、『あみだぶつ』とは『この世の中の一切の生命を生かし、育てる力』である」などという意味を知らなくても、音として唱えるだけで救われるわけです。これが真言（マントラ）と呼ばれているものです。

ところで、般若心経というお経をご存じですね。たった262文字の中に仏教の神髄がこめられているということで有名です。これも一字一句の意味をかみしめるよりも、ただ唱えることに意味があるようです。というのも、このお経の大意は「すべての根源はひとつ、生も死もあくなき連鎖の側面であり、この世の景色は、あなたの脳がつくりだしている幻影にすぎない」という現代科学からいえばあたりまえの主張なのですから。

★……………………………こころが結ぶ科学と宗教

「なんというむなしさ。太陽の下、人は労苦するが、すべての労苦は何になろう。一代過ぎればまた一代が起こり、永遠に耐えるのは大地。日は昇り、日は沈み、あえぎ戻り、また昇る……。風はただ巡りつつ、吹き続ける……」

エルサレムの王、ダビデの子、コヘレトの嘆きが聞こえてきそうな旧約聖書の中の一節、「コヘレトの言葉第1章」です。私たちの身の回りにあるあらゆるものは有限で、何一つ永遠に変わらぬものはないという自覚の向こうに、決して変わることのない無限の時間、つまり神を見ていたのでしょう。あくまでも宇宙の中心にある永遠不滅の真理が神であるという考え方です。

そして、それを確かめるかのように第3章には「すべてのことには時があり、季節がある。生まれる時、死ぬ時……求める時、失う時……」と続き、「神のなさることは、すべて時にかなって美しい」、さらに「神は人に永遠を思う心を与えられたが、それでも神の業を見極めることはできない」と締めくくります（日本聖書協会・旧約聖書口語訳を元に著者意訳)。

実は、ここから生まれたのが天動説です。宇宙の中心として、神が君臨する特別な星が地球であり、太陽や星たちはその周りを回っているに過ぎないとする説です。しかし、15世紀から16世紀にかけて活躍したポーランドの天文学者、コペルニクスが、惑星の観測を通して、動いているのは地球の方だという発見をしてしまいます。地動説です。すると神の役割は、暗黒の空間の中で地球をひたすら押し続ける力の源として語られるようになり、神の居所は地球から離れてしまいます。

やがて1世紀の後、イギリスの物理学者、ニュートンが重さを持っているすべての物体は引力で引き合っているという万有引力を発見し、地球を動かしている原動力は、その引力に他ならないということに気づくと、今度は、リンゴが落ちるのも、地球や星たちを動かしているのも、単純で美しい一つの法則に支配されているのは、神の計らいに違いない、と考えるようになり、神の居所はさらに霧の中に隠れてしまいます。

そして20世紀になり、アインシュタインが相対性理論を発見すると、万有引力は、目には見えない私たちの住空間のひずみであることを見抜いてしまい、そこでは、宇宙の幾何学的構造のデザイン者として神はさらに遠くに姿を隠してしまいます。科学の進歩は神の居所のお引っ越しを迫ってきたのです。

考えてみれば、科学も宗教も、世界の真理を求めていく姿勢には変わりありません。異なる点があるとすれば、科学は「もの」の世界の真理を、宗教は「こころ」の世界の真理を探究するという視点です。「もの」としての体の痛みを取り除く医療科学に対して、「こころ」の痛みを取り除くのは宗教の役割だということに似ていますね。

しかし、最近の科学研究によれば、「もの」としての体と「こころ」は深く関わっていることが分かっていて、その結果、神は普遍的真理という姿で再び私たちの「こころ」の中へのお引っ越しが始まっているのが現代だといえるでしょう。

★

神さまはいずこに

先日、東京での講演に出掛ける日の朝、バス停までの約1キロの道を半ばまで行ったところで、財布を忘れたことに気づきました。これでは、バスにも乗れず、急いで引き返しましたが、もうその時点では、どんなに走ったとしても、発車時刻には間に合いません。体中がスーパーコンピューターになったかのように、あれこれ、思い巡らしながら、とにかく、バスが遅れる可能性もゼロではないと自分に言い聞かせ、老体にむち打って小走りに急ぎました。と、その時です。普段は全く人の気配さえしない唐松林の中の一本道をミニパトカーが走ってきたのです。まるで、白昼夢を見ているような気分でしたが、それは、紛れもなく現実の出来事で、バス停まで送ってもらい、無事、バスに乗ることができました。

改めて考えてみると、人里離れた林の中を、しかも日曜日の早朝、なぜ、パトカーが走っていたのか？　その理由を警官に聞く余裕もなく、今となっては知る由もありませんが、この出来事を、単なる偶然で運が良かった、と考えるか、あるいは、何か見えない力に助けられたのだ、と考えるかは、その人の自由に任されます。しかし、その受け止め方が、以後の人生に及ぼす影響の度合いは、かなり違ってくるように思います。私は、自然科学を生業としてきた人間ですから、証明不可能な〝神さまのご加護〟だったと明言することは差し控えねばなりません。しかし、普段、起こり得ないようなことが起こって救われたのですから、まさに、パトカーが見えた時には、まるで、神仏の化身、あるいは、天使の化身だった……などと表現してもいいくらい、パトカーが光り輝いて見えたのも事実です。

私たちの人生には、予期しない出来事が起こります。しかし、未来がすべて予知できるとしたら、怖くて生きられません。〝分からない〟ということは、むしろ救いかもしれません。

さて、このときは、間に合わないことは覚悟の上で、万が一、バスが遅れたら……という一縷《いちる》の望みに託して、行動したことが奇跡（？）を起こしました。誰のためでもなく、ひたすら努力を惜しまないということが、開運につながったように思います。

ところで、小学生相手の特別授業の中で、こんな質問がでました。「神さまって本当にいるのでしょうか？　いるとしたら、どこに住んでいるのか教えてください」。なんとも素朴でかわいらしい質問ですが、人類始まって以来、多くの哲学者や思想家たちを悩ませてきた大きな問題でもありました。そこでの私の答えは「いると思いますよ。それはあなたの心の中です。あなたが人の目を盗んで悪いことをしたとしましょう。その後で、バレたらどうしよう、って思うと、怖くなって落ち着かないでしょう。それは、あなたの心の中に神さまが住んでいて、あなたに、そんなことしちゃだめだよっていっているからです」。皆さんのお答えはいかがでしょうか。

さて、原子分子の問題を取り扱う現代物理学では、客観的な実在は存在しないと考えます。同じ色を見ても、見る人それぞれによって微妙に違って見えるでしょう。〝やわらかい〟、といっても、どれくらいの感じを〝やわらかい〟というのか、各人各様です。極端な表現をしてしまえば、人それぞれの意識が、ものの存在をつくり上げているともいえます。神さまも、そういった意味で存在するものなのかもしれません。これだ！　とはっきりと示せるような具体的な姿、形はもっていません。実際、旧約聖書をひもとくと、神は決して姿を現すことがなく、闇の中や暗雲、あるいは燃え盛る火の中から語りかけてくると記されています。日本神話としての古事記の中に登場する国造りの三柱の神々、すなわちアメノミナカヌシノカミ（天之御中主神）、タカミムスヒノカミ（高御産巣日神）、カミムスヒノカミ（神産巣日神）についても、決して姿をみせることはなかった、と書かれています。となると、目に見えない神さまの存在を疑いたくなります。

実は、この特別授業に出かける前日、自分の不注意から、左手の人さし指を玄関の重いドアに挟んでしまい、これで、翌日に予定されていたパイプオルガンの演奏もできなくなるのかとショックでしたが、幸いにして骨折だけは免れていてほっとしました。ここでも、この不幸中の幸いを、単なる偶然、運がよかった、と考えるか、それとも、「誰か」が守っていてくれたからだ、と考えるかで、今後の人生は大きく変わるでしょう。そして、その「誰か」を〝神さま〟と呼んでも、非難する人はいないのではないでしょうか。人間の心の不思議です。

★生きているからこそ想像できる

「この鐘の音は、全世界にあまねく響きわたり、すべての人の苦しみを解き、安らぎを与えることにおいて平等です。過去から現在に至るまでの戦いで、攻めてきた都の官軍も、攻められたこの地の人々も、さらには、人間のいのちをささえるために、動物や鳥や魚や貝などに至るまで、いかに多くのいのちが失われたことでしょう。その魂は、みな彼岸へと旅立って行きましたが、朽ち果てた骨は、今も、この世界の塵《ちり》となってここに残っています。この鐘の音が大地をゆるがせて鳴り響くごとに、それらの魂を清め、どうぞ、浄土へと導いてくれますように」

これは、今から900年近く前の1126（天治3）年、岩手県平泉・中尊寺落慶供養に捧《ささ》げられた願文の一部を、私なりに現代口語に訳してみたものです。歴史をひもといてみると、この地方を治めていた安倍氏と朝廷との間で繰り広げられた熾烈《しれつ》な戦いには、後に奥州藤原氏初代となる清衡公も巻き込まれ、父や妻子を失いました。そして11世紀末に、敵味方の区別なく、すべての霊を供養するために、建立したのが中尊寺で、その建立の趣旨を詩文のような形にまとめたものが、この願文だったのです。

内容は、日本特有の自然崇拝思想と融合した仏教、とりわけ、その「浄土思想」に基づくものですが、仏教とは対極にあると言われているキリスト教との共通点が多いことにも驚かされます。例えば、イタリア中部のアッシジに生まれ、謙遜と服従、愛と清貧の生き方を、自然との共鳴の中で実践した聖フランシスコの「平和の祈り」にみられる暖かさであり、さらには、レクイエムに見られるように、人間界と天上界をつなぐものは、鐘の音や歌唱に代表される音であるという視点などです。

ただ相違点があるとすれば、キリスト教における天国が地上にはないということに対して、浄土を、まぎれもなくこの地上にあるものとして再現しようとした点でしょう。それが、中尊寺の隣の毛越寺にある有名な浄土庭園です。

この「お浄土」や「天上の世界」がどこにあるのかという議論は、時間という実体についての議論と似ています。私たちは、時間を見ることはできませんし、過ぎてゆく速さを測る方法もありません。しかも、時間の刻みは、地球の公転や自転、あるいは振り子のような繰り返し現象をもとに測っていますが、その周期が一定であることの保証はどこにもありません。より精度の高い時計が発明されるに従って、時間の刻みはより正確になってはいきますが、それが果たして、本当に正確であるかどうかは、さらに正確な基準がない限り、分かりません。

となると、時間は、生きている人間が、自らの体の中に持っている体内時計をもとにして、感じている幻想なのかもしれません。同じように「お浄土」や「天上の世界」も、生きているからこそ、想像できる世界なのであり、もしそうであるのならば、私たちのすぐ目の前にある見えない時間の写し絵のようなものなのかもしれません。

★

すべては繰り返しの中に

「昼のあとは夜よ　夜のあとは昼よ　どこにいたら見えよ、長い長いなわが　そのはしとはしが」

私たちにとって、昼と夜が繰り返しやってくるというのは、あまりにも当たり前過ぎる自然界のリズムですが、いざ、その始まりと終わりがどこにあるのか、と問われれば、答えに窮します。この可愛らしい詩の作者は、今から一世紀以上も昔に、今の山口県長門市に生まれ、26歳の若さでこの世を去った天才童謡詩人、金子みすゞですが、私たちが見過ごしている日常の繰り返し現象の不思議に真っ向から挑んでいるところがすごいですね。しかも、繰り返しの中に自分が埋もれてしまうのではなく、外側の世界から客観的に見ようという姿勢は、詩人というより、哲学者のまなざしだと言えます。

さて、私たちの身の回りに起こっている現象は、ほとんどが繰り返しのリズムを持っています。昼と夜は地球の自転が原因ですし、太陽の周りを1周する公転は、春夏秋冬の変化を規則的に作り出しています。

一方では、私たちの体の中にも体内時計というリズムがあります。夜になれば眠くなり、朝になれば目が覚めるという覚醒と睡眠のリズムです。これは地球の海の中で、初めての生命体が生まれたころ、当時の潮の満ち引きのリズムを記憶していることが原因だとも言われています。そのリズムを毎朝、太陽の光を浴びることによって、リセットしながら体内時計を合わせているのが「メラトニン」という脳内物質です。

ところで、私たちの体の中にあるもう一つの時計は心拍です。実は、体重30グラムのネズミくんから十数トンのクジラさんまで、哺乳類全体について、心拍の周期と体重の関係を調べてみると、心臓が一打ちする時間、つまり心拍の周期は、体重の4分の1乗に比例することが分かっています。つまり、体重が16倍になると、心拍の周期は2倍になるということですね。

詳しい議論は省きますが、このことから、すべての哺乳類の心臓は20億回、ドッキン、ドッキンすると停止し、呼吸は5億回で終焉《しゅうえん》を迎えることが予測できます。切ない話ですが、生命も物質でできていることの証明です。

こうしてみると、天体現象から生き物まで、この世界は、繰り返しリズムの中で存在しているということになりますね。さらに言えば、一見するととても繰り返しているようには思えない現象や形であっても、その姿全体を大きな繰り返しの一部だと考えることによって、たくさんの単純な繰り返し現象の重ね合わせで表すことできる数学の方法があります。「フーリエ解析」です。例えば、単純な数式で表すことができないような微妙な体の線であっても、全体の形を一つの周期であると考えると、途端にたくさんの規則正しい周期的曲線の重ね合わせとして数式にすることができます。

これらのことから、私たちの人生も、日々の小さな繰り返しが重なって、大きなうねりとなり、それが一生の軌跡として描かれるのかもしれません。

★

永遠の中に生きる

地球の自転軸が傾いているために、太陽との位置関係から、太陽の周りを地球が一回転する間に、昼の長さと夜の長さが同じになる日が一年に二回あります。その一つが春分、もうひとつが秋分です。これまで繰り返しお話ししてきたことですが、この世は、相反するものがバランスしながら成り立っています。例えば、昼と夜もそうでしょう。

昼と夜という区分は、人類の進化の中でも大きな意味をもっています。物理的に明るい暗いということを超えて、生の世界、死の世界にもたとえられてきました。それは太陽と月の象徴でもあり、神話の中にも登場しています。日本神話を例にとれば、昼の太陽神、天照大神《あまてらすおおみかみ》に対して、夜は月の冥界神、月読命《つくよみのみこと》がいます。天照大御神が高天原《たかまがはら》、つまり天上、あるいは生の国の支配者であるならば、対する月読命は、黄泉《よみ》の国、言い換えれば死の国の支配者です。

となると、昼夜の長さが同じになる春分と秋分は、生の世界と死の世界が、うまくバランスして、生者と死者が互いに行き交うのに、最も都合のよい日となり、そこから、「お彼岸」の行事が生まれたのかもしれません。その一方では、昼が一番長くなる夏至には、邪気払いのお祭りを、夜が一番長くなる冬至には、春を待ちわびる祈りの行事が行われるようになったのでしょう。また、お盆やお彼岸に先祖の霊を迎え、先祖の記憶を改めて呼び起こし、再会を果たした後に、再び、あの世に送るという風習からみても、生と死が欧米のキリスト教でのように峻別《しゅんべつ》されていないところが、何かとてもいいですね。

考えてみれば、古代から日本人には山岳信仰があり、豊かな森の中には必ず神社があります。また、神社には、鎮守の森があります。先祖の霊は山の中に生き続けるということなのかもしれません。そのような視点からいえば、現世の人々にとっては、先祖はとても身近な存在で、いつも先祖と一緒に生きているという実感がでてきますね。

普段、私たちは生活の中で、「そんなことをしてはご先祖様に申し訳ない」などという表現をします。それは、現代科学の考え方からみても、命は脈々とつながっていて、どの一つをとっても独立した存在はありませんから、過去、現在、未来を超えて、他と分かち合いながら共存していると考えるのは自然です。言い換えれば、現世では命の終わりとしての死があっても、自分は他者の記憶の中に存在することによって永続するのですから、他の宗教にみられるような身体の復活や生まれ変わりなどとは無縁になります。

ところで、キリスト教を例にとれば、人間は神によって創《つく》られた存在であり、先祖から受け継いだ命という実感は希薄です。そこでは、故人がじかに神と対峙《たいじ》しながら、神の教えを守り、神に帰依することによって救済されると考えますから「ご先祖様に守られて」という考えは影をひそめています。確かに、古代ゲルマン人やノルマン人にも先祖崇拝の文化があったようですが、同じ大地の中に異民族が暮らすことになると、民族間の価値観の相違から戦いが生まれ、その結果、絶対的な神の名のもとに結束が固められていったのかもしれません。

古代の日本にそのような考え方が生まれなかったのは、もともと、他からの侵略がない島国だったからでしょう。そんな日本人の心のルーツに郷愁を覚えます。

★……………………………………宇宙との調和の視点で

「葉が落ちる、どこか遠いところから落ちてくる……そして夜ごと重い大地は沈んでゆく……星群れのあいだから孤独の深みに落ちてゆく……」と書いたのは、ドイツのロマン派詩人のリルケです。この落ち葉を科学のまなざしで眺めれば、自然現象は、すべて対極にある性質の均衡、あるいは調和の中で進んでいるということになります。

木の葉が枝に付いているのは、葉を地上に引き下ろそうとする地球の引力に抗して、その力と同じ力で反対向きに枝が引っ張っているからであり、葉が落ちるのは、木がそれを手放すことによって新しい芽吹きのエネルギーを獲得するためです。最近の考古学研究によれば、文明の誕生は自然のからくりを知ることが出発点でした。ピラミッドやストーンサークルなどが、太陽や月の動きを測る暦であったことからもうなずけます。

日が落ちると夜になり、再び日が昇って朝になるって、あたりまえだといってしまえばそれまでですが、不思議なことです。それはいうまでもなく、地球の自転が原因です。

しかも、その地球は、太陽に対して秒速20キロというものすごい速さで公転しています。時速になおすとおよそ毎時7万キロです。それだけではありません。地球をふくむ太陽系全体は、私たちの天の川銀河の中心に対して、秒速300キロ、つまり時速108万キロで動いていています。それにつけくわえれば、私たちの銀河系も、230万光年のかなたにあるアンドロメダ銀河をめざして猛スピードで動いています。

にもかかわらず、地球の上では母なる大地などといって、大地を不動のふるさとだとして人々は暮らしています。しかし、いったん視点を地球の外にまで移すと、地上の営みのすべては、太陽系の第3惑星としての地球が受けている宇宙からの影響を無視することはできなくなります。

「奇跡のリンゴ」で知られる自然農法家の木村秋則さんと対談する機会に恵まれました

（『自然栽培』創刊号、東邦出版、２０１４年12月）。そこで語られた農法は、まるで数学理論のような論理の枠組みそのものだと実感させられました。雑草を除去しない、農薬散布をしない、といえば、いかにも自然任せの農法であるようにも感じますが、実際は、実に巧妙に自然全体のからくりに沿って営む科学的農法です。

そのヒントは、あらゆる虫や微生物、雑草などと共存しながら立派な実を付ける野生のどんぐりとの出会いにあったといいます。その樹の根元は軟らかく、地上に張った枝とほとんど対称形をした根が見えない地下に張っていることの発見です。そして、すべての害虫を駆除するのではなく、その数が益虫の数とバランスを取って共存できる環境をつくることが重要だったといいます。

たとえば、キツネと野ウサギの生態系でいえば、キツネが野ウサギをたくさん食べて野ウサギの数が減ると、キツネは食料不足に陥って生息数が減少し、そのことによって野ウサギの捕獲数が減りますから、野ウサギの生息数が増え、今度はキツネが元気を取り戻し……というように二つの生息数はシーソーゲームのように変動しながらバランスを取っています。つまり、リンゴづくりも、雑草やムシの気持ちになって、彼らがもたらす実害が目立たないような相互循環的な環境を造ることが木村農法のようです。

現代は国内外の情勢から国家間の問題まで、きわめて危機的な状況にあります。もし、この自然農法と同じように、主張すべきは主張し、譲るべきは譲り、その両者の均衡を保ちながら多角的な論理のまなざしで見通すことができれば、これほどひどい状況を招かなくてすんだのではないかと思います。私たち人間は、しょせん自然の産物です。ですから、かつて古代人がしてきたように、科学によって知りえた自然の根源的性質に準じるような生き方を模索すべきでしょう。自然農法で育てられたリンゴの清楚《せいそ》で素直な味わいがそう語りかけてくるかのようでした。

実は、最近になって、食料の自給自足率２００％という北の国での自然農法にふれる機会がふえて気付いたことがあります。季節の移り変わりにつれて、いろいろの花が咲くように、たとえば、ニワトリの卵の味にも季節による変動があるという発見です。

自然農法の中で飼育されるニワトリは季節を感じていて、その季節の味の卵を産むということですね。これは、1年を通して一定の味を確保するために、しっかりと飼育管理されているニワトリの卵とは一線を画します。殻の色が赤く、黄身の色が濃い卵に人気が集まれば、夏場には、ニワトリに水を与えず、ニンジンをまぜた餌を与えることによって一定品質の人気卵が得られますが、それとは対照的な自然の味です。

野菜類も同じで、人工的に光や水など育成環境を厳しく管理することによって一定の品質を保証することはできますが、季節による味の変化が乏しく、退屈な食材になってしまいます。というのも、もともと植物は、自分がおかれた環境と情報のやりとりを行いながら、自分の力だけで生育する力を持っているからです。そこで、肥料を与えると、植物は、それに甘んじて努力することを忘れ、本来の味をだせなくなるというのです。

私たち人間の体にも、もとはといえば自然治癒力が備わっているのですが、薬を多用することでその力が弱まっていくという状況に似ています。

自然農法での野菜の栽培は、農薬や肥料になれてしまった野菜の体質を改善することから始まります。最初は害虫や痩せた土壌との闘いが繰り広げられますが、しだいに植物自体が土壌を変えていく山場を越えると、本来の自然の味を取り戻した野菜が育つようになります。

大量生産を強いられる現場での自然農法は難しいのが現状ですが、不動だと思っている地球の大地も、宇宙空間をものすごい勢いで動いている惑星の上の舞台なのだという観点から、宇宙との調和の中で食物の生産を考えていくことが、心身ともに健康な人類へ転身する第一歩になるような気がしてなりません。

7

地球人として未来を想う

★星への憧れ

師走の声を聞くと、街も人の心もなんとなくせわしい雰囲気に包まれます。それは、過ぎ行く年を懐かしみながら、新しい年への希望に胸を膨らませる時期だからかもしれません。その中にあって、子どもたち、いえ、かつて、子どもだったすべての大人たちにとっても、クリスマスは特別な日でしょう。

今や世界中で祝われているクリスマスは、4世紀ごろに、イタリアのローマあたりを中心に、地中海地方での信仰対象だった太陽神ミトラスの祭典と北欧の冬至をめぐる祝祭がからんで、いつのまにか、イエス・キリストの生誕ということに結びついたと考えられています。日本に入ってきたのは16世紀、イエズス会のフランシスコ・ザビエルによると考えられていますが、その後、徳川幕府のキリスト教禁止令によって、しばらく途絶え、明治維新後に復活しました。

さらに、クリスマスには欠かせないツリーの原形は、もともと魔よけの意味でモミ、ヒイラギ、ツゲといったような常緑樹を飾ったドイツの風習によるもので、こずえに輝く星は、キリスト降誕のときに輝いたとされるベツレヘムの星を意味しています。枝には長いキャンデーをつるしますが、これは私たちを羊にみたて、それを導く羊飼いを神として、その羊飼いが持っているつえの象徴だとされています。

また、サンタクロースのモデルは、4世紀ごろの東ローマ帝国小アジアの司教で、財産のすべてを貧しい人々のために使ったと伝えられている聖ニコラウスです。白いひげを生やした老人として知られるようになったのは、19世紀ドイツの画家、トーマス・ナストの絵が原因で、その作品の中での老人は北極圏に住んでいるとされていたため、フィンランドにはサンタ村までできてしまいました。

このサンタさんが、現代の子どもたちにプレゼントを持ってくる……もしかして、サンタさんの時間と私たちの時間が違っていて、サンタさんはいつまでも年を取らないのかもしれません。世界を大忙しで駆け巡っているので、相対性理論の予言通り、時間の進み方が遅いのでしょうか……？

月と星の光に照らされた北国の森と向き合っていると、星のまたたきが、サンタさんのソリの鈴の音のように思えてきます。

実は、現代の科学、宗教、芸術など人類が創り上げてきた文明の陰には、いつも星への見えない憧れがありました。規則正しい星の運行に超越的な神の意思を感じた昔の人々は、その神秘を解き明かすために数学を生み出しました。それは、ゼロや無限についての知見をもたらし、その結果生まれた微分積分学が、現代文明のすべての基礎になっています。私たちの文明は例外なく星に導かれて育ってきたといってもいいでしょう。

さて、ベツレヘムの星は、今から2000余年の遠い昔、東の方から、星に導かれてやって来た3人の占星術師たちが、エルサレムから南へ10キロほど離れた小さな村、ベツレヘムで誕生したばかりの幼子イエスと出会う場面に出てくる星です。これは、キリスト教の中でも、最も重要な出来事であるにもかかわらず、聖書の中の記述は3行だけで、それだけに余韻があり、現世を超越した謎めいた雰囲気を漂わせています。新約聖書「マタイによる福音書」2章9-10節には「彼らが王の言葉を聞いて出かけると、東方で見た星が先立って進み、ついに幼子のいる場所の上に止まった。彼らはその星を見て喜びにあふれた」と記されています。この星とは、いったい何だったのでしょうか?

まず、思い出すのが、北イタリア、パドヴァ市の通称アレナ教会の壁画の一部として描かれた1枚の絵です。作者はルネッサンス初期に活躍したジオットで、タイトルは「三博士の礼拝」です。遠くに岩山を望む粗末な馬小屋を背にして、マリアの父ヨアキム、母アンナ、それに天使と聖母マリアが描かれ、マリアが捧《ささ》げもつ幼子イエスの足元に、3人の中で、一番の長老だと思われる人がひざまずいています。そして、馬小屋の屋根すれすれには、深い藍《あい》の夜空を制するかのように、赤黄色に燃える巨大な彗《すい》星が描かれています。この絵画の完成は1304年で、ハレー彗星の出現は1301年でしたから、ジオットはおそらく、ハレー彗星を見ていたでしょう。そこで、逆算してみると、ハレー彗星は、紀元前11年に出現していたことになりますが、これは、歴史学的研究から推測される降誕の時期とは、かなりずれています。

それでは、超新星爆発だったという可能性はどうでしょうか。星が燃料を使い果たした時の終焉《しゅうえん》の姿です。しかし、その記録は、今のところ、まだ、発見されていません。その他、水蒸気が多い季節にみられる最大光輝近くの金星が七色に輝く情景は、現代でも、UFO騒動を起こすくらいですから、その可能性も捨てきれませんが、この現象はさほど珍しいものではありませんので、確信が持てません。

このように、ベツレヘムの星の正体については、現時点では闇の中です。しかし、それを科学的に実証しようとするよりも、私たち自身が星空に心を開き、その美しさと神秘の中に、自然の摂理と畏敬《いけい》の念を感じ取ることの方が大切だと思います。星空が美しいこの季節に、今から2000年前に想《おも》いを馳《は》せてみるのも、真冬の美しい夢物語になるのかもしれません。

★

生きるとは旅すること

よく知られているように、ミツバチは、仲間に蜜《みつ》の場所を教えるのに、「8の字ダンス」をします。その飛び方によって、蜜のある方向とそこまでの距離を伝えるのです。そこで、ある研究者が、面白い実験をしました。湖の中央に船を浮かべ、そこに蜜をおいて、一匹のハチをとばして確認させます。そのハチは、巣に戻り「8の字ダンス」をして、仲間に蜜の在りかを知らせるのですが、仲間のハチたちは、誰も、その方向には飛ばなかったというのです。まるで、〝え？　湖のど真ん中に蜜があるわけないじゃん……〟と考えているかのように。つまり、ハチは考える脳を持っていて、その中には認識地図があり、湖の中に蜜があるはずがないという意識が定着しているらしいというのです。ハチには心があるということなのでしょうか？

ところが、先日、知人の海洋生物学者に会う機会があり、旅にでる魚の話題になりました。魚の回遊です。たとえば、ウナギは数千キロも旅をしながら大きく育っていくということなのですが、ウナギも人間も旅に出たいという気持ちは同じだというのです。

ここで〝旅行〟ではなく、〝旅〟だというのが面白い表現です。というのは〝旅〟とは、自分の住んでいる場所からよその土地に出かけることを意味しますが、その言葉には、未知の場所への憧《あこが》れと不安が交錯した情緒的な響きがあります。一方、〝旅行〟といえば、ある目的のために自分の住んでいる場所を離れ、再び出発点に戻る行動であってビジネス的なニュアンスがあります。つまり、江戸時代の俳人、松尾芭蕉の「奥の細道」は〝旅行〟記ではなく〝旅〟紀行だったというわけです。

ところで、魚や人を旅にかりたてる原因とは何なのでしょうか？

その生物学的根拠は、個体間適正距離にありそうです。生物は、単独では生存できず、仲間と群れをつくって生きていますが、その場合、仲間との距離は、そのときの状況、環境によって近すぎず遠すぎずという関係を保持しています。私たち人間世界でも、バス待ちで並んでいるときの人と人との平均距離は、日本と欧米ではずいぶん違いますし、互いの親しさの程度によっても違ってきます。環境の変化によって新しい適正距離を確保しようという想《おも》いが旅への憧れを生み出すのでしょう。このように考えていくと、純粋に生物行動学的観点に立てば、ハチも魚も人間も同じ仲間に見えてきます。

となると、生物たちの行動研究の中に、どうしたら人間社会に平和をもたらすことができるのかということへのヒントが潜んでいるかもしれません。ただ、芭蕉の最後の句〝旅に病んで夢は枯野をかけめぐる〟から推測すると、現実ではない夢の中でも旅を続けられるということが人間の特徴なのでしょうね。

★宇宙を意識する

「主よ、その時がきました。あなたの影を日時計の上に横たえてください。そして野にはさわやかな風をお放ちください」。19世紀末から20世紀初頭にかけて活躍したドイツの詩人、リルケの名詩の冒頭です。

さて、地球に気候変動があるのは、地球が若かったころに体験した天体衝突によって自転軸が公転面に対して23・4度傾いてしまったことに原因があります。そのために、太陽のまわりを公転する地球の位置によって、日本での正午を基準にしていえば、夏は太陽の高度が高く、冬は低くなり、地上に届く太陽エネルギーの量が変化するわけです。

ところで、この自転軸の傾きも、他の惑星たちからの引力の影響を受けて、およそ2万6000年周期で変動しています。回っているコマが首振り運動をしているような動きで、歳差運動といいます。自転軸の延長線上に今、見えているのが北極星ですが、その位置のずれを観測することからわかるのです。つまり、地球全体が太陽から受けるエネルギーも2万6000年周期で変動していて、現在は、2万6000年ごとに起こる氷河期の間氷期にあるということですね。

このように、私たちの視点をいったん地球の外にまで広げると、人種、国などの区別を超えた地球人としてのあり方が見えてきます。人類の技術文明がどんなに進歩しても、地球の動きを変えることはできません。

ところで、太陽系の惑星は、原始太陽のまわりを回っていた小さな星のかけらの衝突によって形成されました。そして、私たちの地球も、いまだに宇宙からの天体衝突の脅威にさらされています。

大きさ1ミリ程度の星くずが地球の引力に引かれ、大気圏に突入して発光するのが流れ星ですが、その明るさから計算すると、地球への突入スピードは秒速数十キロを超えます。

そこで、大きさが数百メートルクラスの星が衝突すれば、今からおよそ6500万年前にユカタン半島に落下して、恐竜をはじめとする生物を絶滅させたといわれていますが、その時以上の災害がもたらされるでしょう。過去の統計からいえば、数千万年から1億年周期で巨大天体の衝突が起こっていますから、今はその日が近いともいえます。そのために、岡山県にある観測施設を含め、世界の天文台が協力して地球接近天体の監視を24時間態勢で続けています。

そういった状況の中で、地球上では、日に日に激化する紛争、他者感覚が欠如したままの一方的なナショナリズムの台頭、そればかりではなく、私たちの日常生活においても、他者を受け入れるという傾向が希薄になってきているのが現状です。その原因はつきつめていえば対話の欠如で、その根底には、地球人としての共通意識の欠落があります。それを補うものは、現代科学が解き明かしてきた宇宙進化と人類の歴史、精神性への深い洞察です。

実は、地球には、生命体と似たような性質があって、たとえば、私たち人間が高熱をだすと、発汗が促され、それが蒸発することによって放熱し体温を下げるように、地球も熱くなると、海水を蒸発させて雲をつくり、雨を降らせて気温の調整をしています。

このメカニズムをつくりだしているのが、地球の自転による偏西風と海流の動きです。

地球は球体ですから、太陽エネルギーの受け方に差があり、地域別に寒暖の差が生じますが、風と海水の動きがそれらの熱を交流させてコントロールしているのです。しかも、海は、私たちが排出する二酸化炭素を吸収して、それを海の中の微生物が酸素に変え、空気中に放出してくれています。

ところが最近では、人類が放出する二酸化炭素の量がふえすぎて、この自己調整機能が追いつかなくなってきているのです。それに加えて、太陽活動の変動が地球の高空にはりめぐらされた磁気圏に影響を与え、太陽から降り注ぐ放射線量をカットできなくなり、そのために空気中の窒素が炭素に変換され、それが二酸化炭素を生み出している可能性も否めません。それでも、海水は、この地表面の温度上昇を、深海の温度を上げることによって食い止めようとしていることも最近の観測でわかってきました。

つまり、このような気候の長期変動は、国境を越えて、地球全体の問題なのです。にもかかわらず、国内外の情勢は、自己中心的傾向がますます強くなっているのも現実です。地球誕生の歴史から考えると、数千万年に一度と予測されている宇宙からの天体衝突という脅威の時期も迫っていますし、地球上の民族同士、隣人たちとの間で抗争を起こしている余裕はないはずです。

かつてＮＡＳＡ（アメリカ航空宇宙局）が打ち上げた太陽系・外惑星探査機ボイジャー

が、太陽系最遠の惑星、海王星の探査を終え、未知の宇宙へと旅立った1990年2月14日、65億キロのかなたから振り返って撮った太陽系の家族写真があります。そこには何かが起こってもどこからも救援隊がかけつけてくれる気配すらない孤独な地球の姿が写っています。

地球の歴史を振り返ってみると、過去には、何度も生命絶滅の危機に見舞われていますが、それでも、なんとか乗り越えてこられたのは、まだ地上には国家というものがなく、国家間抗争がなかったからでしょう。

かつて、宮沢賢治が、生涯の集大成としてまとめた『農民芸術概論綱要』の中で「正しく強く生きるとは、銀河系を自らのなかに意識してこれに応じていくこと」だと強調していますが、今こそ、この言葉を思い起こさねばならない非常時だと実感しています。

★

自然の理に反するからくり

3・11へのレクイエム

考えてみれば、「電気」って不思議なものですね。時間と同じように目には見えません。

しかし、光を作り出したり、熱を発生させたり、さらには、ものすごい速さで列車を走らせたりもします。それだけではありません。テレビやラジオ、電話などもすべて「電気」のおかげです。

ところで、私が借りている住宅は、オール電化を売りにした造りで、一見すると、便利で快適なように思えますが、いったん停電になると、まさに生命線を絶たれたような状況になります。冬場の夜など、暖房も機能せず、お湯もわかせず、真っ暗な中で、布団にくるまって自分の体温だけでしのぐしかありません。平常時には快適でも、非常時にはパニックになります。

今回の東日本大災害の拡大に拍車をかけたのも、電気への依存に浸りきっていたことが原因の一つです。確かに、現代文明は電気の発見なしにはありえなかったのですが、その一方では、これからの社会を維持して行く上で、原発問題を含めて、このままでいいのかしらと、ふと不安になります。

宇宙から生物を含む自然界全体の動きまでを支配している基本法則があります。それは「外からエネルギーを受け取って、仕事をこなし、余分のエネルギーを外に排出する」というものです。この場合、外から取り入れるエネルギーと外に排出するエネルギーの差が

「仕事」になります。

植物は、太陽光と水と二酸化炭素を取り入れて成長し、余分の酸素を排ガスとして放出します。すると、排ガスである酸素を取り込んでエネルギー源として活用し、二酸化炭素を放出するのが動物です。植物と動物は、この法則に従いながら、互いに排出するものの恩恵を仲良く利用しながら共存しているわけです。植物の基本となるクロロフィルと動物の血液の中にあるヘモグロビンの分子構造がそっくりだということからもうなずけます。

ところで、原発ですが、これは、少量の放射性物質という〝ご飯〟を食べて、私たちに大量の恵みの電気を与えてくれるという仕事をしてくれますが、その後排出されるべきものが危険極まりない物質なので、排出できないということになれば、さきほどお話しした自然の理に反する〝からくり〟だということになります。

また、原発は、水力や火力、あるいは太陽光や風力発電に比べて発電コストが安価だという理由で推奨されてきましたが、一度暴走し始めると人間ではコントロールできなくなり、そのことがもたらす災害の撤収には莫大《ばくだい》な費用がかかるとなれば、安価だとはいえなくなります。

それならば、ということで「絶対安全」に向けての技術を確立するのもひとつの方法でしょうが、もう一つの選択は、原発依存によらない安全で低価額な発電方法の開発に力を注ぐとともに、私たちは、必要以上に電気に依存してきたという今までのライフスタイルからの脱却を目指すことです。そこから3・11へのレクイエムが始まるのかも知れません。

人類に課された最低限の責任

日本の首都、東京の表玄関ともいうべき東京駅、そこに寄り添うように威風堂々と建っていた東京中央郵便局。民営化に伴って取り壊され、その跡地に新しくよみがえったというので、訪ねてみました。

昔の面影をわずかに残した入り口から中に入ったとたん、そこは、まるで、店舗がひしめく高速道路のサービスエリアの建物を思わせる光景。国の威信をかけた世界へ向けての発信の拠点というかつての重厚な雰囲気はどこへやら、郵便局の場所さえわからない始末です。ようやく探し当てた一角には、自動販売機のような殺風景な窓口が並んでいるだけでした。民営化で貸店舗による収入を目当てにした結末の風景です。

さて、この地上に現存する４６２９種類の哺乳類の中で、人間だけがもつ特徴は二つ、一つは「考える力」、もう一つは「文化の伝承」だといわれています。「考える」とは未来を予測する力、あるいは相手の気持ちを察する想像力です。一方、「文化の伝承」とは、自分たちが築いてきた物質的、精神的両面の文化を後世に伝えることで、有限でしかない個人の人生を、持続する人類としての歴史の中に組み入れていくという営みです。

この二つの能力を、なぜ人間だけが身につけたのでしょうか。

それまでの四足歩行から立ち上がり、直立二足歩行をするようになったために、脊椎《せきつい》の上に大きく重い脳を収納した頭部をのせることが可能になった。

立ち上がることによって自由に使えるようになった前足、すなわち両手を獲得して、その結果、道具を使い、また相手に何かを与えるという行動が可能になった――が原因だったようです。

では、立ち上がることになった原因は何だったのでしょうか。それは巨大地震でした。

私たちの祖先は、現在のサルのように、周囲の見通しがきいて安全の確保が容易な森で樹上生活をしていました。その森が地震によって破壊され、気候変動が起こってサバンナになってしまったのです。そこで、人間の赤ちゃんがハイハイからつかまり立ちをするように、立ち上がったと考えられています。赤ちゃんの発達は、人類の進化をそのまま繰り返しているのですね。

このようにして獲得した能力の結晶が、文化の継承だったのです。その中で、実際に目に見える継承物が文化遺産です。

たしかに、このめまぐるしく変転する現代において、すべてを残すことは不可能です。しかし、郵便事業という人類史上画期的な発明の国家規模の象徴が消滅してしまったことはきわめて残念です。地方では往年の武家屋敷や小学校の校舎などの保存が進んでいるなか、日本の首都でいとも簡単にこんなことが起こるとは、不安をかくせません。

何をもって価値があるとするか、その判断基準を共有することは容易ではありませんが、人類の誕生から進化という普遍的な事実としての歴史に照らして考えることは、人類に課せられた最低限の責任であるように思われてなりません。

★……………………………互いの立場を乗り越えて

ベートーベンの交響曲第9番、合唱付き（通称第九）の日本初演の地、徳島県鳴門市大麻町を私が訪れたのは、今から十数年前のことでしたが、今でも、目を閉じると、その初演場所の跡地に、ひっそりと草むしてたたずむ、通称「ドイツ橋」と呼ばれている小さな石の橋の面影が目に浮かびます。

実は、１９１４年に勃発《ぼっぱつ》した第一次世界大戦のさなか、中国の青島に立てこもる数千に満たないドイツ軍を3万余の日本軍が攻略し、４７００人余のドイツ兵を捕虜として日本国内12か所で収監しました。その中の約１０００人が送られてきたのが、徳島県の坂東俘《ふ》虜《りょ》収容所でした。当時、外国人に出会う機会は皆無に近かった田舎町に、突如、降ってわいたようにやってきたドイツ兵たち。村人たちの驚きは想像を超えるものだったでしょう。しかし、村人たちはドイツ兵を「ドイツさん」と呼び、ドイツ兵たちは、地元の子どもたちへ自国の文化を広めながら、互いに心のきずなを結び合い、交流を深めていきました。

そして、世界大戦終結2か月後の1919年8月25日、ドイツへの帰国を前に、かつての敵国である日本軍や村人たちへの感謝を込めて、乏しい楽器を集め、第九の日本初演という奇跡を起こしたのでした。「苦悩をつきぬけて喜びへ」とベートーベン自身が自筆譜に書き残している第四楽章の有名な合唱は、女声パートを男声用に作り替えるなど工夫を凝らし、初演を果たしたのです。

勝者、敗者という見かけ上の立場を乗り越えて、同じ人間であるという視座を貫いた心が第九の初演をもたらしました。敵、味方という区別を超えた人権の確保を現実のものにしたのは、当時の収容所長の勇敢な決断力と豊かな教養に支えられた人間性でしたが、今なお、戦火が途絶えない世界情勢の中で、このようなことが日本で実際に起こったことを広く世界に伝えたいものです。

「私とあなた」から「あなたと私」への転換が、豊かな未来への第一歩になるのかもしれません。

★

戦争の記憶と平和の原動力

人々が月や星に想《おも》いを寄せるのは、人知の及ばない広大無辺な宇宙の美として心の奥深くに刻まれてきたからでしょう。

しかし、その一方では、全世界が不幸のどん底にたたき込まれた第二次世界大戦でも、この美しい月や星に寄り添って戦場に赴いた兵士たちがいたことも忘れられません。日本のアマチュア天文家、彗星《すいせい》探索で世界に名をはせた本田実さんは、戦地にも単眼鏡を持参し、彗星を発見しては、自分の無事を彗星発見という新聞報道で日本に残してきた家族に知らせていたという話を直接、うかがったことがあります。そして、さらに胸に突き刺さる話は、日本本土からはるか3000キロ以上離れた南の戦場に、医薬品などを届ける旧海軍の偵察機が、星と月に助けられて飛行していたという事実です。

当時は、現代のように、地球周回衛星の電波を利用して自分の位置を知る方法などありませんでしたから、「天測」といって、飛行中の機内から星空を見上げ、特定の明るい星

3個の水平高度を測り、その星のもともとの計算上の高度と比較することで、自分の位置を割り出していたのです。たとえば、今の季節でいえばシリウス、ベテルギウス、プロキオンといった星々だったようです。そして、日本本土から3000キロ飛行して、到達した位置と目的地までの誤差は、わずか数キロという驚くべき技術でした。

しかも当時は、連合軍によって空も海もすべて制圧されていましたから、命がけの飛行で、月夜の晩には星が見える雲の上を飛び、敵機を発見すると、雲の中に逃げ込むという決死飛行だったそうです。その途中、雲の隙間《すきま》から海面に映える月の光が見えると、一瞬、敵艦隊の灯《あか》りに見えて、血も凍るほどの怖さを感じたといいます。もし発見されれば、その艦隊から迎撃機がすぐさま飛び立ってくるからです。

このような物資輸送や偵察任務も、やがて、終戦間際には、目標敵艦隊まで特攻機を誘導する任務に変わっていきます。そして、ほとんどが帰らぬ夜間飛行になりました。美しい月の光と星の輝きに導かれて、多くの命が失われていった時代があったことも、忘れてはならないと思います。

いっぽうで、第二次世界大戦の末期、東京焦土作戦に参加した米空軍の爆撃機B29の元搭乗員を招いて話を聞いた時のことも忘れられません。

彼は重い口を開き、こう語ったのです。「目標上空に到達して、爆弾投下のレバーを引くのが私の役目だったが、この下に生きている人がいるなどとは、全く想像もしていなかった。そのころの日本には、もはや対空砲火で応戦する戦力もなかったので、こちらが一方的に進めるゲームそのものの感覚だった。しかし、後に原爆の惨状を目の当たりにした時、敵、味方という立場を乗り越えて、無意識の中に相手の惨状を自分のこととして受け入れていて、悪夢にうなされ続けた」

つまり、戦争の悲劇は、自ら体験し、惨状を目の当たりにして一呼吸おいた後に、すさまじいリアリティーの嵐として襲ってくるものだというのです。

ところで、今も戦争が続いています。それが終結しないのは、おそらく、戦争の指導者、あるいは、政治に携わる人たちが、悲惨な戦争現場の直接的体験者でないために、真の悲劇とは何かが理解しきれていないからでしょう。体験を通して学び、それをよりどころにして、豊かな想像力を生かすことなしには、物事の正しい判断はできません。身をもって体験したことと想像力が相まって「経験」になるのです。

人は誰でも、自らの主張を押し通そうとします。ここで、AがBに対して自分を強く主張することをA∧B、その逆の場合をB∨Aと表記するとすれば、A、B双方の主張を同時に満たす答えはありません。しかし、ここで、A、Bを入れ替えて、全体を包括的に眺めてみると、A＝B以外に答えはないということが見えてきます。実際の体験から、相手の立場を自分のことに置き換えて想像できる豊かな感性、そこから芽生える「経験」が平和への原動力になるということでしょう。

思い起こせば、日本が先の第二次世界大戦に巻き込まれた背景には、原油資源の確保があったといわれています。しかし、現代の物質文明が水の汚染を促進していることを考えれば、近い将来には、水資源確保のための世界戦争が起こらないとはいえません。美しい星月夜に汲む山の水はこよなくおいしく、生きていることの幸せを感じさせてくれますが、その一方で世界戦争への鼓動も感じてしまいます。地球の水は、はるか昔、地球に衝突した彗星がもたらしました。生命を育《はぐく》む水は、宇宙からやってきたのです。

初夏の夜になると、美しく明滅するホタルの幻想的な風景に酔いしれながらも、ふと、心のすき間に一抹の不安が吹きこんできます。そして闇の中から聞こえてくるのは、あの第二次世界大戦の末期に、国のため青春を捧《ささ》げて散っていった特攻隊員が食堂の女主人に残していった出撃直前の言葉です。「おばさん、今度はホタルになってきっと帰ってきますから」。平和であってほしいと願わずにはいられません。

★自然との共生を

ホタルといえば、初夏の風物詩です。東京在住時代は神奈川県の丹沢、宮城県仙台では泉ケ岳山麓《さんろく》、三重県鈴鹿では、東海道五十三次にも登場する庄野宿近く、川を隔てた水田沿いの用水路でホタルが乱舞していました。月がなく、湿っぽく、温度が高くて、風のない暗い夜は、格別です。

かつて、そこで車の方向指示灯をホタルの点滅周期に合わせて点滅したところ、それに呼応して、水田から火の粉が燃え立つようにホタルが飛び立ち、まるで宇宙と交信しているかのような錯覚に陥ったことがありました。ところが、今年は辛うじて1、2匹が寂しく飛んでいるだけで、水路のそばには除草剤と書かれた紙袋のゴミが、星明かりの下で墓標のように浮かんでいました。水の汚染でホタルは育たなかったのでしょう。

ところで、ここ数年、環境問題を考えるための教材として、ホタルが舞う川を蘇《よみがえ》らせようという教育活動が盛んです。ホタルが生息できるきれいな水作りがテーマです。今では「湯水のようにお金を使う」というかつての慣用句は意味を失い、お金を出して水を買う時代になってしまいました。

ここで、思い出すのが、環境に対する動物と人間の対応の違いです。大半の動物は、進化の過程で、環境に適応するように自分の方を変えてきましたが、人間は、文明の力を使って、自分に適応するように、自然を変えてきました。例えばシロクマは、北極圏でも生きていけるように、体の大型化と体毛の構造に工夫を凝らし、寒さに耐えるように進化してきたと言われています。いずれにしても、私たち生物は、自分と環境をうまく適合させることなしには生存は不可能です。

ところで、宇宙空間は、空気がありませんから、太陽光が当たる面は100度以上に、日陰の部分は氷点下100度以下になり、宇宙服を着用しなければ、生命を維持できません。ということは、宇宙服そのもの、その中に入っている空気や熱源そのものが、生存のための環境なのです。つまり、地上に暮らす私たちは、空気や日光、水など自然の恵みをそのような意味での環境として再認識する必要があり、その上で、自然との共生に努めるべきでしょう。

未知の世界への冒険

地球に
　種子が落ちること
木の実がうれること
おちばがつもること
これも
　空のできごとです

日本を代表する抒情《じょじょう》詩人、岸田衿子《えりこ》さんの「ソナチネの木」という詩集に収録されている4行詩です。私たちにとってあたりまえの情景を〝空のできごと〟だと言い切ったところに詩人のすごさがあります。

私は常々思うのですが、人間の心には多くの未知の闇や可能性が残されています。〝未知〟という空間の中に立方体があって、現在、〝知っていること〟がその中に詰まっているとしましょう。そこで、もし、この立方体の一辺の長さが2倍になったとすれば、体積は8倍になり、〝知っていること〟の量も8倍になります。ところが、立方体の一辺の長さが2倍になれば、表面積は4倍になります。言い換えれば、知識の量が8倍になると、未知の領域との境が表面積なのですから、謎の量は4倍になるということです。知れば知るほど、謎も増えるということですね。しかし、相対的には、謎の部分は少なくなるので、それらの繰り返しによって、真実により深く迫ることができるのです。

私たちの日々の生活には、いつも悩みがつきまとっています。しかし、悩みは、幸せを望むからこそ、生じるものであって、先ほどの立方体の話と同じように、幸せと悩みを切り離して考えることはできません。原始キリスト教では、〝知る〟ことは〝原罪〟であるとします。それは、知ること、言い換えれば、知識の獲得は、人間に自由意思をもたらし、その結果、神の意思に反する罪を犯すからだということでしょう。知ることと罪は裏表の関係だと考えているようです。

ところで、決められた方向に、決められた速度で、投げられた石の到達点は、完ぺきに予言可能です。しかし、人生はそういきません。むしろ、だからこそ、明日を信じて生きることができるとも言えます。すべてが、決まっていて、先行きが分かっていたら、恐ろしくて生きていけません。「知る」ことと「知らない」こととのバランスの間に、豊かな人生の姿があります。

しかし、最近の風潮を見ると、自分の尺度で測ったかりそめの安心、安全というぬるま湯を求める傾向が強く、未知の世界へ挑もうとする冒険心のようなものが薄れてきているように思えてなりません。

あるものごとを行う場合、安易な道と困難な道があったとして、いつも安易な道一つを選んでいると、結局、最終的には得るものがないという経験則があります。〝二兎を追わぬ者一兎も得ず〟ということでしょう。それは、自分が直面している出来事を、安易に濾《ろ》過《か》しようとするあまり、本当に大切なものが流れ落ちていくことにほかなりません。これも、インターネット時代の功罪の一面だとは思いますが、人間の自立を阻む大きな要素にもなっています。

たとえば、ひとつのすぐれた資質がなしとげた美意識の可能性の極限に触れることは、研ぎ澄まされた巨大な鏡に向き合うようなもので、そこには私たちの隠された心の一瞬のかげりや予期せぬ可能性のひらめきが拡大されている場合が少なくありません。そのような未知の世界への冒険こそが、人類の進化を促してきたことと考え合わせると、安心、安全、安易を求める人々の生き方は、人間がもつ無限の多様性と可能性からの逃避ですから、人類存続の危機だともいえます。

ところで、私たちがあれこれ想《おも》いをめぐらしているこの地上も、視点を宇宙にまで広げると、実はまるい地球表面の一部分。地軸を中心にして、時速１５００キロという猛スピードで自転しています。そして、太陽の周りを時速10万８０００キロで駆け抜けています。にもかかわらず、私たちにとって大地は静止した世界であり、その上で眠り、起き、働き、愛し合い、憎しみ合い、争い、喜び悲しみ、生きています。なんとも不思議ですね。

しかし、長い鉄線の端に錘《おもり》をつけた振り子を天井から吊るして振らせると、その振動面は1日で1回転します。いわゆるフーコーの振り子と呼ばれるもので、すさまじい地球の自転を、静かな動きとして目の当たりにしてくれる実験です。振り子は地球の自転には目もくれず、どこか宇宙の彼方をみつめて動いているかのようです。

科学者も詩人も、目に見えることのかなたに宇宙の摂理を見ているのですね。

★未来に希望を描く

音楽はここにひとつの豊かな財宝を埋めた。さらに多くの美しい希望をも。フランツ・シューベルトここに眠る――。ウィーン大学前から、可愛らしいとしかいいようのない赤とクリーム色のツートーンの40番市電にゆられ、およそ20分、ベーリンガー通り9番地。あふれでるばかりの美しい音の宇宙をおもうままにして、31歳でこの世を去ったシューベルトが、最初に埋葬された場所の墓碑に刻まれた言葉です。同時代の詩人、グリルパルツァーがささげたとされています。敬愛の念を持ちながら、生前には会うことのなかったベートーベンのお墓の隣にひっそりと建っていて、ウィーン滞在時には、よく行っていました。それは、この言葉の中に沈潜する深い悲しみのかなたに、希望という名の光がいつも射《さ》してくるように感じていたからです。

私たちの人生にとって、すべての原動力は、どんなに小さなものであっても、それは希望です。従って他者に与えることができる最高の贈り物も希望でしょう。実は、人間界で見られるこの原則は自然のからくりの中にも見てとれます。例えば、水の分子は水素原子と酸素原子が一緒になってできていますが、それぞれの原子は単独で存在するにはエネルギー的に不安定になるので少しでも自分のエネルギーの一部を誰かに与えて肩の荷を下ろしたいという希望を持っています。そこで、たまたま近くに別の水素原子や酸素原子がいると、自分の体の一部分である電子を与えることによって、分子という安定な物質を作ります。この場合、与えられる側も孤立しているよりも自分の一部を水素原子にお返ししたほうがエネルギー的に安定になり、お互いに相互扶助しながら分子を形成していきます。物理学の言葉を使えば「共有結合」といいます。

もちろん、人間世界のことと物質世界のことを同じ土俵で論じることはできませんが、感覚的には似ているといってもいいでしょう。

＊　＊　＊

「地球ってね、案外小さいですよ。私の両手で抱きかかえられるくらいです」

今から25年ほど前の初夏、神奈川県・湘南にある海が見える家に、当時としては最長の宇宙滞在記録をもっていたロシアの宇宙飛行士、セレブロフさんをお招きした時に、彼がふとつぶやいた言葉です。わずか、東京と名古屋くらいの距離だけ地上から離れた上空から地球を見下ろした時の感想でした。確かに、宇宙ステーションから撮影された地球の映像は丸く見えていますから、両手に入る大きさです。彼は1990年、大阪で開催された国際花と緑の万国博の折に、当時、私もかかわっていた組織からの提案で「花ずきんちゃん」というマスコット人形を連れて数十日の宇宙滞在を果たした飛行士でした。

2015年には油井亀美也宇宙飛行士が、2016年には大西卓哉宇宙飛行士が、それぞれ5か月にもわたる宇宙滞在から無事帰還しましたが、その間、実験の合間に、こまめに撮影した地球の映像ほど、人々の心を打つものはないでしょう。限りなく青くみずみずしい水球の地球、かつて、フランスの思想家、G・バシュラールがいったように「人は新しくなって蘇《よみがえ》るために水の中へ漬かるのだ」という言葉を想起させます。まさに生命体そのものとしての地球という実感に満ちています。とりわけ雲の上に突出した富士山の姿は想像を超えた不思議な光景です。広く一般公開される日が待たれます。

かつて、太陽系・外惑星探査機「ボイジャー」をはじめ、アポロ計画、そして日本の月探査機「かぐや」などから撮影された地球の映像も驚くばかりの美しさでしたが、物事の美しさは、そのものから離れた後に初めて実感されるものなのでしょう。人との出会いも同様です。別れた後に、その人の価値が痛いほどに伝わってくるという経験は、誰もがもっているはずです。本当の出会いとは、別れた後に訪れるものなのかもしれません。本を読むにも明視距離まで遠ざからないとピントが合わないことに似ています。あるいは、その裏返しを考えると、広く世間で評価されている人やことがらも、特定の地域や学校、会社のような組織の中では、慣れっこになってアタリマエのこととしか理解されないという事態にもなります。ウナギでさえ数千キロの旅にでて一人前になるのですから、「井の中の蛙《かわず》」にならないためにも、外から内に向かうまなざしをもちたいものです。

ところで、世間では、苦境にある人に向かって「ガンバレ」といいます。しかし、頑張るとはどういうことなのでしょうか。それは、「未来に希望を描こうね」ということだと思います。これも、自分の目から離れたもう一人の視点から自分を見つめ直しましょうということであり、多少の飛躍を覚悟で言えば、「他者を赦《ゆる》すとは、すべてを忘れること」であるという構図と同じ論理です。数学の世界から見えてくるすてきな考え方のひとつですね。

宇宙からじかに地球を見おろすことは叶《かな》わない私たちですが、せめて、その光景を想像したいと思う気持ちだけは失いたくないものです。

8

宇宙の子どもたちへ

★幸せの根源を考える

「幸せになりたい人、手を挙げて」

「はーい」

子どもたちの手がいっぱいに挙がります。

「それでは、この段ボールの箱の中に幸せを入れてくれる?」

「…………」

ある小学校で行った特別出前授業での風景です。幸せとは何か、わかっているようで、いざ聞かれてみると、ぐっとつまってしまいます。古今東西、哲学者たちにとっても、この問題は難問でした。『幸福論』などという本も書かれていますが、中でも、スイスのカール・ヒルティー、イギリスのバートランド・ラッセルと並んで、フランスのアランの著作はユニークです。

それは、こうすれば幸せになれる、というハウツーものではなく、れっきとした哲学書ですが、まるで詩文を思わせるような美しい文脈の奥に鮮やかな幸福への扉が見え隠れしています。そこで語られていることは、幸せは待っていてもやってこないこと、それは自らの意志による行動の中から生まれてくること、さらには、不幸への引き金は心の中でうごめく情念である、と指摘します。

ここでいう情念とは、「心の中にあって、理性ではどうにも処理できないもやもや」とでもいっておきましょう。そして、困難も不幸も、その原因がはっきりしてくると対処法が明らかになり、幸せへの扉が開かれるといっています。

私の経験からいっても、「不幸だ」と思っている人の大半は、その原因を自分の外に求めるというパターンが多いですね。そうではなくて、自分と自分のまわりを理性のまなざしで観察して原因をつきとめることができれば、不幸の悪循環からの脱却は可能です。

アラン流のたとえで言えば、どうにも泣きやまない赤ちゃんを見て、原因を親からの遺伝子資質にまで想像をめぐらし、情念のループにはまってしまったとき、ふと、赤ちゃんの産着の中に一本のピンがはさまっていることに気付き、それをとったら泣きやんだ、というような状況ですね。

ところで、幸せを感じられるのは生きているからです。生きるためにはご飯を食べねばなりません。そのためには働いて報酬を得なければなりません。そして、働くためには健康でなければなりません。となると、健康であることが幸せへの道のひとつということにもなります。

このように、人間の幸せの根源を考えることとは、宇宙進化の産物として生まれた人間という生き物が持つ光と影を純粋に科学的事実から概観し、生きることの意味を考えることでもあるのです。

その答えを私なりに考えてみると、それは極めて単純で「他者に喜んでもらうこと」の一語に尽きると思うのです。つまり、人は自分で自分の顔を見ることができないように、他者に与える喜びこそが自分の喜びになるようにできていて、他と共に生きる以外に生きる術《すべ》をもたない生き物だからです。それは、他者を赦《ゆる》すことによって、自らも赦されるということにも通じます。これは人間だけが、考えることができる大きな脳を獲得したことの代償として、未熟な状態での出産を余儀なくされたという宿命から生まれた特性です。未熟児を育てるには、ひたすら与えることをしなければならないからです。

この人間本来の心のありようを隠してしまうのが現代のインターネット社会です。そこに警鐘を鳴らすことができる知恵があるとすれば、それは一粒の光から人間への道のりに明確な答えを与えてきた現代科学なのかもしれません。

私も体内にがんをかかえていますが、追い出すことに躍起になるより、できるかぎりおとなしくしてもらう努力をしながら共存していく方がずっと楽だと感じています。

悲観主義は感情から、楽観主義は理性による意志の力から生まれます。自分の不幸を嘆くことは他人の不幸を拡大することにつながり、自らが幸福であると感じることは他者の幸せにも直結します。「辛《つら》」いという字の上に横棒を引くと「幸」になります。ちょっとした心の気付きが幸、不幸をわけるようです。

★愛の三原則

年末になるといつも聞こえてくるベートーベンの合唱付交響曲「第九」。しかし、その一方で静かに聴いてみたくなるのがブラームスの「ドイツ・レクイエム」です。「レクイエム」といえば、死者を悼む典礼音楽のような印象がありますが、見方を変えれば、私たち人間の限られた一生の長さを永遠なるものにつなげる慰めの音楽であるともいえます。

この曲は静かな前奏に続いて、新約聖書、マタイによる福音書5章4節からはじまります。〝悲しみを抱くものたちはさいわいである。なぜなら彼らはきっと慰められるからである〟。そして、詩篇126篇5-6節と続きます。〝涙を流しながら種をまくものたちは、喜びにあふれて刈り取るであろう。彼らは、泣きながら出ていくが、帰りにはあふれる喜びとともに穀物の束を持ってくるのだ〟。いずれも艱難辛苦が喜びによって報いられることへの希望が語られています。そして、その根底には「耐え忍ぶ」ことが前提条件として仮定されています。この考え方は、同じく新約聖書、コリント人への第一の手紙13章1節から13節までに語られる「愛」についての論考とも関連します。

まず、最初に、どんなにすばらしい言葉を語ったとしても愛がなければ、それは騒々しく打ち鳴らすシンバルに等しいものであり、また、自分がもっている豊かな知識や財産を他者に分け与えたとしても、さらに誉れを得るために自分のからだを引き渡すことをしたとしても、そこに愛がなければ何の益にもならないと主張します。愛の必要性です。つぎに述べられるのが愛の定義です。一言でいってしまえば、愛は、ねたまず、誇らず、無作法をせず、自分だけの利益を求めることをせず、いらだたず、人の悪を数えることをしないもので、真理を喜び、希望をもつことによって、すべてに耐えることだといいます。だからこそ、愛は、予言や知識のように時代とともにすたれるものではなく、絶えることがないと結論づけます。ここで、知識などはすたれる、というのは、私たちが見ている世界の姿は部分的であって、あたかも鏡に映った世界を見ているかのようなものに過ぎないからだとしています。

聖書は信仰のためのテキストですから独特の言い回しがありますが、これを、宗教書としてではなく、論理に裏打ちされたリベラルアーツ的な教養の書として読むと、自然や人間の心の本質にこれほどするどく迫った読み物は他に類をみません。人間は、生き抜くためとはいえ、とても欲張りな生きものです。恋人たちはデートの時間の長短には関係なく、もっと一緒にいたいと切望します。だからこそ耐えることをしなければなりません。この耐えることの先には、つぎのデートという希望があるからこそ耐えられるということでしょう。つまり、「信頼、忍耐、希望」が愛の三原則だといっているのです。

★こどもの心に火を点ける

もし熱烈歓迎という言葉があるとすれば、こういう風景をいうのでしょう。小学3年生の教室のドアを開けた瞬間、「わーっ」という歓声が上がり、一生懸命、諳誦したという、まど・みちおさんの〝いちばんぼし〟という詩の一斉朗読が始まりました。2008年のことです。

いちばんぼしが　でた
うちゅうの

目のようだ

ああ
うちゅうが
ぼくを　みている

このときは、教室に宇宙探査機ボイジャーの模型を持ち込み、今から18年前に、太陽系を離れる直前に、光の速さで走っても4時間15分もかかるような65億キロメートルのかなたから振り返って撮った太陽系の家族写真、その中の一枚、針の先ほどの孤独な地球が写っている映像を見せながらの授業をしました。あの小さな点の中に、自分も家族も、そして敵対する国々も、すべてが入っていることへの素直な驚き、さらには、地球に何か異変が起こったとしても、どこからも救援にきてくれる気配さえない孤独な地球の姿を、大人にはないみずみずしい感性でしっかりと受け止めてくれました。

私たち大人のように、光の速さについての具体的な知識なしで、見事な直観力だけで、ものすごいことなのだと生身で感じている様子を、授業後に出された感想文の中から読みとることができました。真の理解に至る前提条件は、まず、感じることなのでしょうね。教えるということは、丁寧に授業をすることでもなく、疑問に的確に答えることでもなく、こどもの心に何か火をつけることなのでしょう。いったん、火がともれば、ひとりで燃えていくのがこどもの力です。

人は誰しも〝思う〟ことをします。その時、1本の花を見て「美しい」と思う人も「美しくない」と思う人も、どちらも言った本人にとっては、正しいことです。なぜなら、その人にとって、〝正しい〟と思うこと以外を〝思う〟ことはできないからです。そこで、ひとつの事柄についての評価が分かれた場合、なぜそうなのかについて思いを巡らし、共通のものさしをみつける作業が必要になり、これが〝考える〟ということなのです。

現代は、科学技術の進歩によって〝考える〟ことをしなくても、ものごとを処理できるようになりました。洗濯を例にとれば、昔の洗濯は、洗い物の汚れ具合や天候の予測をすることから始めねばなりませんでしたが、現代では、洗濯機にいれて、ボタンを押せばそれでおしまいです。携帯メールはいつでもどこでも手軽に送受信できるのがメリットですが、裏を返せば、〝考える〟以前に刹那《せつな》的に〝思った〟ことを伝えてしまいます。そこで、感情を伴うやりとりになると収拾がつかない状況を生み出してしまいます。このことは、同じ内容を手書きにする場合には論理的に〝考える〟左脳、メールの場合は、感覚的に〝思う〟右脳が働いていることを示す脳の血流測定の結果とも一致します。

ところで、学力とは、今まで、自分がもっている知識の体系の中に、外部からの情報を取り入れ、新しい知識のパラダイム（枠組み）を構築する能力のことです。それは、単なる知識の集積ではなく、それらを統合して新しい世界観をつくる能力、いいかえれば、豊かな想像力を身につけることです。

一方、教える側のことをいえば、相手に知識を詰め込むことだけに留《とど》まらず、それらの知識の集積が、どれだけ彼らの人生観に影響を与えるかということが重要課題です。知り得た知識によって、その人の人生観に変革がもたらされた時、はじめて理解したといえるのです。「わかる」とは「かわる」ことです。それには、教師は、情熱をもって語りかけねばなりません。それが、受講生の心に火をともし、いったんともった火は、自分で燃えていきます。

★学びとは

齢《よわい》を重ねるごとに思い出す言葉があります。晩年の孔子が、自分の一生を回顧して自叙伝風に述べた一節、『論語』為政第二に記された一文です。

子曰《いわ》く、吾《われ》十有五にして学に志す。三十にして立つ。四十にして惑わず。五十にして天命を知る。六十にして耳順《したが》う。七十にして心の欲する所に従って、矩《のり》を踰《こ》えず……

このあまりにも有名な一節を、人間の学びという観点から、あえて現代風に読み解いてみると……。

15歳で学ぼうと思い立ち、勉学に励むこと15年、30歳でようやく自立できるまでになる。さらに10年の修行を積み40歳になると、物事の道理が分かってきて、迷うことがなくなるが、さらに10年、50歳で、天が万物に与えた原理が見えてきて、同時に、自分の限界も見えてくる。60歳で、他者の言葉を受け入れ、寄り添う心が生まれてくる。さらに10年たって70歳になると、直観力が研ぎ澄まされ、思うままに事を行っても、間違うことがない……。

これを脳科学の立場から考えると、私たちが何かの判断を迫られた時、経験が浅いと、判断は揺らいでしまって、固定化しません。迷いです。しかし、美術品などでも、常に本物に触れるという経験を積んでいると、直感的に真贋《しんがん》の判断がつくようになります。つまり、真実を見分けるまなざしは、経験によって形成される、それが学びであり、物事や書物、人などを含めた環境との豊かな「出会い」によってもたらされます。

そもそも、生きているということは、他者と「出会う」機会があるということで、その中には、思ってもみなかったような発見や感動があるかもしれません。その時、「生きていてよかった」という思いが芽生えたとすれば、それはそのまま生きるための原動力になり、さらに新しい「出会い」につながり……というように続きます。

ただ、「〝いい〟出会い」は、新約聖書のルカによる福音書12章35節に「明かりを灯《とも》して待ちなさい」と書かれているように、常に世界に対して心を開いて待つことなしには訪れません。私自身の経験からいっても、突然、一方的に降ってくるものではないようです。

この〝心を開く〟ということこそが学びの原点です。「あなたに会えてよかった」というような究極の幸せも、人生の一こま一こまを学びの場として大切にして、時が熟すまで静かに待つことから生まれてくるようです。

ところで、〝学〟という字の古い形は〝學〟です。これは、家の屋根を表す〝冖〟の下にかくれている〝子〟をギザギザで表された両手の指で抱きかかえ、家の外に出そうとしている情景の象形です。つまり、〝学ぶ〟とは、未知の外界に出て、新しい世界の知と出会う営みなのです。言いかえれば、知の扉を開くということですが、よそからの情報を頭の中に取り入れるということだけでは、〝学び〟にはなりません。その情報を〝理解〟しなければなりません。

ここで〝理解する〟とは、新しく外から取り入れた情報を、現在までに集積してきた知識の中にバランスよく取り込み、整合させて新しい知識の体系を構築することです。その場合、知識の獲得とは個人的なものではありますが、社会に通用する論理に裏打ちされた普遍性をもっていなければ、単なる〝思い込み〟、〝妄想〟になってしまいます。

たとえば、私たちの日常生活で起こっている現象を理解するには、ニュートンが造り上げた古典力学とよばれる物理学で十分です。走っている世界では、時間の進み方が遅れるとか、重い物体の近くでは、光の進路が曲がるといったような現象を説明できる相対的理論は必要ありません。

しかし、いったん、カーナビの精度を上げようとすると、すさまじいスピードで地球上空を回っているGPS衛星では、地上よりも時間がゆっくり流れていることを考慮に入れなければ不可能です。となると、ニュートンの古典力学は間違っているのかといえば、そうではなくて、1秒間に地球を7回り半するほどの光の速さに比べて、私たちの暮らしのテンポは十分に遅いと仮定すれば、相対性理論と古典力学はぴったり一致します。

このことを知りえた時に、相対性理論を理解し、学んだといえるのです。インターネットなどを通じて、手軽にたくさんの情報が得られる現代ですが、人の脳の特徴は、自由に発想できるところにありますから、〝学ぶ〟ということの正しいプロセスを踏まないと〝思い込み〟に陥ってしまい、社会との適応ができなくなります。〝考える〟ことを軽視し、先に結論ありきという思考が横行する世情は、真実とは程遠い〝思い込み〟を助長させ、紛争の火種になります。〝学ぶ〟ことの原点に、もう一度立ち返りたいものです。

★本物を体験する大切さ

辺りの空気を切り裂くようなその音は、ジェット機のタービンが発する音よりも鋭く、耳をつんざきます。

Ｆ１レースは、速く走ることだけを目的にした特殊な車を設計し、造り、走らせるというものですが、それはまさに、現代の人類が持っている智恵と能力のすべてを注ぎ込んだ極限の共同作業です。そして、世界中から、これほどの人々が集まるのは、実際に、その場に居合わせない限り、テレビや写真などでは全く伝わらないレースの緊迫感を体験するためでしょう。コーナーに突っ込む時に車体から飛び散る火花、夕闇迫る直線コースを耳栓なしでは耐えられないほどの轟音《ごうおん》と共に走り去った後にうっすらとたなびく飛行機雲……これは、もう、非日常の世界です。

ロケットの打ち上げも、テレビで見る映像とは全く別物です。あの轟音は、どんな再生装置を使っても再現できません。パイプオルガンの音もそうですね。

ところで、最近の学校などでは、小さい望遠鏡で星を実際に見せるよりも、大型の望遠鏡で撮られた写真や映像の方が、情報量が多いとして、そちらを使いたがる傾向が見られます。しかし、実際に目で見ないかぎり、その星が暗黒の宇宙空間にあるという不思議な立体感、宇宙の奥行きを感じさせることはできません。確かに、現代の映像技術や印刷技術の進歩には目を見張るものがあります。しかし、それはあくまでも、3次元の光景を2次元の平面に写し取る技術であって、現実の情景とは程遠いものです。あえて言えば、映像だけから、実際の場面を想像できるのは、過去に、それらを見た経験がある場合でしょう。このことを逆の視点から考えると、だからこそ、画家や写真家たちは、2次元表現を通して3次元の真実を描こうと努力するのでしょう。しかし、初等教育などの現場では、凝縮された表現から真実を感じ取るだけの力が十分ではありませんから、まず、本物を与えることが必要です。

ところが、公共のホールなどでは、子どもの演奏だからといって、第一級のピアノを使うことをかたくなに拒むのが現実ですし、本物は見せずに、写真や映像で済ませるという風潮が通例になっています。

大学生たちのレポート作成では、インターネットからの情報を、いかに、「自分っぽく」切り張りするかが競われています。自ら考えることなしに生きていけるのが、現代の特徴です。ぜひとも、自分の皮膚感覚で本物を体験させ、その上で、豊かな想像力を膨らませながら、その体験を経験にまで高めるような教育が必要だと思います。

現代は、コンピューターを含む情報技術の急速な発達によって、現実体験そのままと思えるほどのバーチャル（仮想的）な体験ができるようになっています。その背景には、人間と他の動物との違いは、人間が「考えること、想像することができる脳」を持っていることにあるのでしょうが、最近の脳科学の研究最前線から考えれば、身体感覚の方が心に先行するということが分かってきています。

一例を挙げれば、それほど眠気がないのに、眠らねばならない場合など「眠らなければ」と心で努力するよりも、まずベッドに横になって目を閉じてみるという体勢が心を眠りの状態にいざなうというのです。芸事や武具などで、形から入るという身体感覚が重要視される所以《ゆえん》です。

ところが、日常生活においても、あるいは芸術活動においても、本来の素晴らしい素質を持っていながらバーチャルな想像だけにとどまって、生の現実の中に飛び込もうとしない風潮が散見されるのは、残念なことです。言葉を換えれば、現代は身体的な冒険を敬遠する傾向にある時代だともいえそうです。そういった意味において、実際に触って試せる音楽博物館の存在意義は大きいと思います。

ところで、関西の名門・大阪音楽大学の音楽博物館には、古今東西の楽器たちが所狭しと展示されています。なかでも、他の楽器博物館と違うところは、実際に楽器に触れたり、試奏したりすることができるところで、だからこそ楽器博物館ではなく、音楽博物館なのでしょう。なにごとも体験なしでは理解に至らないということなのですね。

私たちは、自分の姿を自分自身で直接見ることはできません。五感を通して、目の前の相手や外界の世界とコンタクトしながら、自分を認識しています。例えば、人間の精神活動を例にとれば、すべて身体感覚が基礎になっていて、それらが脳の中の線状体と呼ばれる部分に蓄積されて無意識の記憶をつくり、人間らしい活動に結び付くのだそうです。そのためには、極端な無茶はいけませんが、新しい世界への思い切った冒険が必要だといわれています。

仮想世界と現実世界の調和点を上手に設定することが後の人生の豊かさを決めるのかもしれません。

★……………理性と情緒の調和をめざして

「一枚の紙は、何からできていますか？」

一瞬、教室内が、しーんと静まり返ります。一人の生徒に問いかけると「木です」という答えが返ってきます。

「そう、パルプですね。それでは木が育つには何が必要ですか？」

「水です」

「では、その水はどこからやってきましたか？」

「雨です」

「だとすると、雨を降らせたのは？　……そう、雲ですね。そして、雲をつくったのは、太陽のエネルギーです」

これは、ある6年制中学の4年生を対象に行った特別授業での生徒とのやりとりです。

実は、〝学ぶ〟ということは、外から仕入れた新しい情報を知識として、百科事典のように、頭の中にため込んで記憶することではありません。新しく取り込んだそれらの知識を、今まで自分が持っていた知識のネットワークの中に正しく位置づけて、未知のことを正しく推測したり、判断できる能力をさらに高めることをいいます。言い換えれば、自分自身の世界観、ひいては人生観をつくりあげる作業なのです。それには、社会、あるいは、大きくいえば、宇宙の中の一部分としての自分という自覚を持つことが前提になります。なぜならば、私たちは、周りとのかかわりの中でしか存在できないからです。

そのためには、社会の共通の理解の中で、自分を位置づけ、ものごとを判断する能力が問われますが、それが教養と呼ばれるものです。

さて、先ほどの授業ですが、その狙いは、手元の一枚の紙を前に、なぜ？　と問うことを繰り返すことから、すべてのものやものごとは、決して独立して存在しているのではなく、周りとの確かなかかわりの中で存在していることを実感させるところにあります。そして、植物の生育には水が必要であるとか、雨を降らせるのは雲であるというような知識の断片を統括して、一枚の紙と自分の存在を重ね合わせるところまで、想像させることが狙いでした。

これは、いかにも詩的で情緒的な見方であるかのようにも思えますが、その反面、純粋な論理と理性に支えられた科学の見方でもあります。これら両極からの視点、感じ方を調和させる力が教養であり、人間にだけ備わっている脳の機能です。

理性だけでは、戦争をなくすことはできません。それは、双方が自分の立場をいかようにでも正当化できるのも、理性だからです。その一方で、「私」と、「あなた」の立場を入れ替えて、相手の立場を想像できるのが、情緒です。

「元気でね！」

けたたましい発車のベルに覆いかぶさるように「お見送りの方は下がって下さい！」という〝怒号〟が渦巻き、ドアが閉まります。そのドアに張り付くように身を寄せても、小さな窓越しに見える相手の姿は一瞬にして視界から消え、送る側にとっても列車を追いかけるように別れを惜しむことは至難の業です。列車の窓越しにお弁当を手渡し、思い切り手を振っての別れなど、今ではレトロ映画の中のシーンになってしまいました。

しかし、日本古来の伝統文化の中での〝別れ〟は〝出会い〟と同じくらいに重要な意味を持っていました。万葉集をひもとくまでもなく、〝出会い〟は〝別れ〟の始まりであり、また、〝別れ〟はさらなる〝出会い〟への序奏だという考えが広く人々の心の中にありました。言い換えれば、〝出会い〟と〝別れ〟はワンセットになっていて、いずれも一つの出来事の両面であるというとらえ方です。確かに、人や物事の出会いの善し悪《あ》しは、別れた後にはっきりしてくるものです。

にもかかわらず、近年、〝別れ〟にかける思いが希薄になってきたのはなぜでしょうか。その原因の一つは、先ほどの例でいえば、ドアが閉まることで、外界と完全に遮断され、あっという間に別の世界へと私たちを連れ去ってしまう新幹線や飛行機などの発明でしょう。それらの発明は、確かに私たちの日常生活を便利にしましたが、その一方では、めまぐるしい状況の変化に、脳が対応しきれない状況を生み出しました。

つまり、原子分子で構成される人間の脳が一つの場面から次の場面の変化についてゆくためには、脳の中の細胞の状態が物理的に変化しなければなりません。それには、方位磁石を回した時、南北の方向を示す針がゆっくりと反転するように、脳の状態の変化にも一定の時間が必要です。

もし、脳の状態を瞬時に変化させるとすれば、外から別の力を加えなければなりません。

見送りの例で言えば、〝見送る〟という感情を瞬時に別の感情に転換するためには、論理をつかさどる左脳の出番はなく、瞬発的な衝動をつかさどる右脳の出番になります。このような状況が左右の脳のバランス、言い換えれば、理性と情緒の調和を崩し、その結果、衝動的な行動を生み出す素地を育てることになります。まさに現代社会の特徴です。

英語では、「理解する」ということを〝アンダースタンド〟といいます。アンダーは「下に」、スタンドは「立つ」という意味です。つまり、相手と同じ高さの目線、あるいは、それよりも下に立たない限り、相手への理解はあり得ないということでしょう。情緒なくして、理解はあり得ないということです。

考えてみれば、現代は万葉時代のように、長い袖を振りながら、別れを惜しむことができる時代ではありません。しかし、私たちの毎日の生活の中で、ほんのわずかなひとときであっても、自分流のスローライフへの転換を試みることが、穏やかな世の中を創《つく》るためのきっかけになることは間違いないと思っています。

★子どもたちへのまなざし

いま、私の手元に1枚の未完成の楽譜があります。スケッチのように走り書きされた旋律の下の伴奏譜の段には、和音、今風に言えばコードを示す音のかたまりしか書かれていません。

これは作曲家・中田喜直氏が、亡くなる直前に書かれた最後の作品の遺稿です。童謡から本格的な歌曲、ピアノ曲まで数え切れないほどの作品を残されましたが、そのあふれるような叙情性は、日本のシューベルトだといっても決して過言ではないでしょう。

まだお元気なころ、ご縁をいただいてレクチャーコンサートなどでご一緒した時に、旋律を支える和声の構造が音楽の根源だということをよく話しておられました。おそらく、人生の終焉《しゅうえん》を目前にしたこの最後の作品では、伴奏を書く力は既になく、そこで、このフレーズにはどうしてもはずせない和音という意味で書き込まれたのでしょう。それは中田氏ご自身の音の文法の最後の主張だったともいえます。

ところで最近、ほとんど音符も読めない初心者へのピアノのレッスンの現場で、楽譜に書かれている通りに弾くことを強要するあまり、学習者がパニックになっているのを目にする機会がありました。楽譜とはあくまでも記号であり、音楽ではありません。その記号の根底に流れる旋律の動きと、それを支える和声の流れを読み取りながら音になった時、音楽が生まれます。そのプロセスが無視された楽譜至上主義は困ったものです。

たとえば楽譜に「ド、ソ、ミ、ソ」という伴奏が書かれていたとしても、学習者の習熟度によっては「ド、ミ、ソ」という和音一つで代用させてもかまいませんし、あるいは「君が代」を歌うことの是非はともかくとして、もし皆で歌うのであれば、声をそろえて歌いやすいような高さに移調すべきです。ほとんどの式典では、あらかじめ録音された前奏付き伴奏を用いるため、「さざれいしの」のところで声が出なくなり、引きつってしまいます。たしかに全体の音を下げることによって曲想が違ってくることはありますが、それよりも皆で歌うことが優先されるべきでしょう。

音楽教育の現場での杓子定規《しゃくしじょうぎ》さは、教える側の力不足としかいいようがありませんが、さらに、弾けないことを怒るばかりで、ほめることがないとなれば、これはもう最悪です。

これまで何度もお話ししてきたことですが、世の中は対極の事柄のバランスから成り立っています。「怒る」を「しかる」におきかえれば、「しかる」と「ほめる」はワンセットです。「しかられる」ことは、してはいけないことの自覚となり、「ほめられる」ことは、さらなる進歩への第一歩になります。そして、ほめられた経験なしには、相手をほめる行動はできません。攻撃よりも受容をと訴えれば、今度はほったらかしにと変容してしまいます。どんなに小さなことでも正しく「ほめる」ということが、教育の出発点であるような気がしてなりません。

研究最前線を退いてから十数年、教育現場に身を置くようになってからは、教育目標を「気立てのいい学生」を育てることだと思い続けてきました。「気立てのよさ」とは、まず笑顔がいいこと。次に人の心に寄り添えること、そして言われたことをきちんと実行できることの三つを兼ね備えた人間像を想い描いてきました。それは、この三つが社会の中で他者と協調できる条件だと思っているからです。言い換えれば、生物学的な「ヒト」から互いに助け合う「人」へ、そして広い社会を構成していく最小単位としての「人間」への進化を考えた時、そこで必要なことは相互間のコミュニケーション能力であり、その中で最も根幹となるのがこの三つだと考えているからです。

ところで、半月以上も体調を崩し、ただひたすら来る日も来る日も寝室の天井とのにらめっこが続くと、自分の意志とは関係なく、過ぎし日の記憶が走馬灯のようによみがえることがあります。今回は、ふと六十余年昔の高校時代に初めて出会った『論語』の一節が突然に天井に描き出されました。

学而第一として始まる冒頭の部分です。

子曰《いわ》く、学んで時に之を習う。また悦《よろこ》ばしからずや。朋《とも》あり。遠方より来る。また楽しからずや。人知らずしていきどおらず。また君子ならずや。

これは一般的に知られる原文からの訓読で逐語訳ですから、いまひとつ心に響くところがありません。外国語の翻訳が持つ宿命的困難です。意訳に走れば、原文からのズレが生じてしまい、さらにそれを補うために、新たな言葉を付け加えたりすると、翻訳は原作者の作品を離れて、訳者の全人格を反映した作品にかわってしまいます。そこで、逐語訳に意訳を併記しながら、一字一訳にこだわらず、日本語をその原文の外国語に翻訳するような気持ちで表記してみたくもなります。語学は素人の私ですが、ヨーロッパ言語による詩歌を翻訳する場合に使ってきた手法で、自分の体験の延長線にその詩歌との接点を見つけるような読み方です。

論語に戻りましょう。私なりに翻訳してみるとこんなふうになります。

偉大な先人たちが残してくれた学問を繰り返し学んでいると、突如、道が開けたような喜びに出会うものだ。それは、自分の学問のレベルがある水準に達したことを意味するのだろうが、そうなると、遠いところから、その思いを同じくするような人たちが訪ねてくるようになる。そうなると、自分の学び得たことを広く人に伝えて、共に真の道を求めて歩んでいけるのであるから、これほど楽しいことは、ほかにはないではないか。学問とは自分のためにするものであるから、他者がお前のことを多くを学んだ人間であると気付かなくても不平をいう筋合いなど一切ない。それが、学を志すものの理想の姿というものなのではないか。

確かに全国各地で開催している講演に、東京・大阪からはもちろんのこと、北は北海道、南は九州から聞きに来てくださる方がいることは最上の喜びであり、相手が小学生であっても、学ぶことの喜びを共有できることは最高の幸せです。また、人は他者からの適正な評価を受けたいと望みますが、学びの理解には、自身が学ぶことが条件なのですから、他者への一方的な価値の押し付けは意味を持ちません。『論語』は、退屈な儒教の聖典ではなく、礼の作法と処世法を詩のように説く人間論です。ほぼ同時代を生き、万学の祖ともよばれるギリシャの哲学者、アリストテレスの公開的著作『哲学のすすめ』と並んで、その言葉は二千数百年の時を超え、今なお輝きを失っていません。

★

未来の私は今の私の中に

さて、時間といえばすぐに、過去、現在、未来という言葉が浮かびます。しかし、その実体とは何でしょうか。過去はすでに過ぎ去ったもので、もはや存在しません。未来はいまだ到来していないのですから、これも存在しません。

そこで、過去と未来の境目に「現在」があるとしたら、どうでしょう。時間が過去から未来に向けて一次元的に、すなわち直線的に流れるとしたときに、それを現在という瞬間で切りとることは可能でしょうか？

もし、瞬間が「点」であるならば、その点の隣にある過去や未来の「点」は存在するのでしょうか。

数学的にいえば、点は場所を指定するだけで、大きさをもたないのですから、一つの点とぴったり隣りあう点は存在しません。点と点の間には、どうしても隙間《すきま》ができてしまいます。となると、現在は、過去、未来とは別の存在だと考えたくなります。

そこで、初期キリスト教の神学者アウグスティヌスや古代仏教の思想家ナーガルジュナたちは、〝現在は永遠であって過ぎ去ることがない〟と主張しました。つまり、過去も未来も実在しないのですから、もし現在が実在するならば、それは過去とも未来とも無縁であり、過ぎ去ることも、到来することもない永遠であると考えたのです。

そういった立場に立てば、過去のことにくよくよしたり、未来を恐れるのは無意味なことになります。私たちが過去だと思い、未来だと思っていることは、すべて、現在にそれらを引き寄せて、そう思っているだけのことで、すべては現在の自分の思考の中にあるということです。鎌倉の円覚寺管長の足立大進老師がおっしゃるところの「即今只今《そっこんただいま》」ということでしょう。

かつて、経営の神様と称される松下幸之助翁と直々にお話しした折に、〃ものごとの決断は、自分の健康状態がいいときにしなさい〃と教えられたことがあります。未来の私は、すべて今の「私」の中にあるということでしょう。そして、今の私と未来の私を正しくつなぐには、目先の幸せや安易な安楽さに幻惑されるのではなく、多少のリスクはあっても、一流のものや人から学びとろうとする熱い冒険心、知ることへの憧憬《しょうけい》、そして、今を忍び、待つことの勇気が必要です。それは、自分の存在理由を求めての旅だともいえますが、その中に永遠のストップモーションのような輝く今があるはずです。

★……………………繋がる思い

オオカミとヤギといえば、食うか食われるかという瀬戸際の中で生きてきた動物です。その二匹がこともあろうにある嵐の夜、すさまじい風雨と雷鳴に怯《おび》えて、飛び込んだ真っ暗闇の洞穴の中で出会ったとしたら――。そして、互いの素性を知らぬまま、友達になり、暴風一過、抜けるような青空のもと、前夜、約束した場所にるんるん気分で出かけ、そこで、互いにオオカミとヤギだったことを知った時、何が起こると思いますか。１９９４年から２００５年にかけて書かれた絵本『あらしのよるに』シリーズ全7巻（木村裕一作、あべ弘士絵）のはじまりの部分です。

この野生の掟《おきて》を超えたところに愛は成立するのか、という主題を軸に、民族・宗教・闘争、そして見返りを求めない愛にいたるまでの葛藤が息をもつかせぬ迫力で語られます。えさとしてのヤギを「ひみつのともだち」としてかばったオオカミは、やがて仲間に追われる身となり、ヤギを助けようとして雪崩に巻き込まれます。そこで別れ別れになってしまいますが、ヤギは、自分の母親を襲ったのがそのオオカミの仲間だったということに苦しみながらも「ひみつのともだち」を信じ、来る日も来る日も探し回ります。そして、ついに、二匹は偶然に遭遇します。しかし、オオカミは、雪崩のショックで過去の記憶を失っていました。広い草原の中で、一直線に走り寄るオオカミとヤギ。それもまったく違う目的で。空腹にあえぐオオカミはおいしいえさのヤギに向かって、一方、なつかしい友達にやっと出会えた喜びで走り寄るヤギ。最終巻のクライマックスです。法隆寺の国宝、「玉虫厨子《たまむしのずし》」に描かれた「捨身飼虎図《しゃしんしこず》」を彷彿《ほうふつ》とさせる場面です。信じることと疑うこと、仲良くなることが生み出す苦しみ、その克服の先に、友情は芽生えるのかなど、深い意味が込められた秀作です。

さて、この地上に存在するあらゆる哺乳類《ほにゅうるい》の頂点に立つといわれる人間の特質は「考える」能力にあるといわれています。それは一言でいえば、未来予測ができることだともいえます。その中で、万人にとって一番確実な予測といえば、〝人は、必ず死ぬものである〟ということです。

ところが、命を持つものにとって、生命の終焉《しゅうえん》は、理由はともあれ、1匹の小さな虫に至るまで、本能的に避けたい出来事のようです。まして人間にとってはその思いは強く、それゆえに死の悲しみは大きいのでしょう。

有名なマタイによる福音書の中の一節「悲しんでいる人たちは幸いである。なぜなら彼らは慰められるであろうから」（5章4節）を思い浮かべながら、かつて、ある故人を見送ったときに、次のようなあいさつをしたことがあります。

現代宇宙論によれば、私たちはすべて光から生まれ、命の材料は灼熱《しゃくねつ》の星の中で合成されました。そして、星が超新星爆発というかたちで死を迎えて、宇宙空間にまきちらされたかけらから、私たちが生まれました。故人とのかかわりも、壮大な宇宙の物質循環という宇宙絵巻の1ページだったともいえます。故人の体を通り抜けてきた空気の粒々を、私たちは今、吸いながら生きています。そのような意味では、故人の姿は見えなくなりますが、故人との繋《つな》がりはとぎれることはありません。

残念ながら故人は、私たちとともにおいしいご飯を食べることはできません。しかし、残された私たちが故人をしのびながら、元気に生きておいしいご飯を食べるならば、そこに故人を呼び戻していることにもなります。そしていつの日にか故人と再び相まみえる日を楽しみに待ちましょう。故人は私たちとともにあります。亡骸《なきがら》はすでに物体なのですから、焼かれても熱いとは感じないでしょう。それでは、故人の入れ物を空にお返ししましょう。

考えてみれば、人は自分の誕生を見ることもできなければ、死を見ることもできません。その意味からすれば、本人にとっての人生の長さとは、物理的な時間で測られるものではなく、始めも終わりもなく、茫漠《ぼうばく》とした永遠のようにも思われます。死者は、死の瞬間からもはや人間ではなくなり、物体になります。体温の降下も硬直の度合いも、物理法則そのままの過程を辿《たど》り、遺体は故人が入っていた過去の入れ物でしかありません。死の悲しみは、残された人々の上に存在するものなのでしょう。

おわりに

未来を決める自由

「風の中に誰かがいる」と言ったのは、フランスの思想家で詩人のガストン・バシュラール。見えない風を描こうとしたのは、レオナルド・ダ・ヴィンチでした。そして、風と行き来していた詩人が宮澤賢治だったとすれば、宇宙から吹いて来る光の風に聞き耳をたてている電波天文学者とは、いったい何者なのでしょうか。確かに、近郊の森の中に分け入って、樹木の葉ずれの音に身を委ねながら、自らの鼓動に耳を澄ましていると、風の中で生きていることを実感します。ギリシャ語で風といえば「プネウマ」、古代インドの言葉では「アートマン」、すなわち呼吸です。いずれの場合も、見えない風と向き合うことは「生きている」ということと向き合うことに他なりません。あるいは、その人自身の物語の始まりだといってもいいでしょう。

もし、それが星空の下のできごとならば、なおさらです。今、見上げている星空は、今だけのものであり、二度と出会うことのできない風景だからです。

さて、冬は夜の星空が一番、にぎやかな季節です。そしてその中でも、主役はなんといってもオリオン座でしょう。冬の夜空に君臨する最も有名な星座です。横に並んだ三つ星を中心にして、鼓を横から見たような四角形をしています。そして、その三つ星のやや左上に、オレンジ色に明々と輝く一等星があります。名前はベテルギウス。地球からの距離はおよそ６００光年、光の速さで走っても６００年かかる距離にあって、太陽の５００倍ほどの大きさの赤色超巨星です。

しかし、最近の精密な観測から、この星の明るさが変動していることが分かり、その原因は大きさが膨らんだり縮んだりしていることが突き止められました。その結果、一番大きくなるときには、太陽の１０００倍くらいにもなるようで、その大きさはといえば、もし、私たちの太陽系の中心にこの星があったとすると、なんと火星の軌道くらいまでを被ってしまいます。地球の大きさに比べると、10万倍くらいの大きさです。

実は、今回、この星のお話をしたいと思ったのは、ひょっとしたら明日の晩には満月くらいの明るさに輝いていて、次第に私たちの視界からは永遠に消えてなくなるかもしれないからです。超新星爆発といって、大きな星の最後の姿です。星にも人間のように一生があって、もともと重く大きな星の最晩年は、急速に膨れ上がって温度が下がり、赤っぽくなります。そして、最後は、大爆発を起こし、中心部は、すべての物質を呑《の》みつくしてしまうブラックホールになって私たちの視界から消えてしまいます。超新星爆発です。すさまじい星の終焉《しゅうえん》です。実際、今からおよそ962年の昔、1054年におうし座で、このような大爆発が起こり、昼間でも満月のように見えたという話が、藤原定家の『明月記』の中に記されています。

ところで、このベテルギウスですが、最近の研究では、そろそろ大爆発の時期に来ているのではないかと考えられています。ここで「その時期」といいましたが、星からの情報は、すべて電波や光ですから、私たちが見ている「今」は、ペテルギウスにとっては、地球時間での「600年前」です。それは、さきほどお話ししたように、ベテルギウスからやってくる電波や光が地球に届くには600年かかるからです。となると、今、私たちが見ているベテルギウスは、すでに爆発してしまって、ブラックホールになっているのかもしれません。あなたと見上げるあのベテルギウス、来年はもう見られないかもしれません。

星が爆発するとガンマ線と呼ばれる強力な放射線が滝の水のように放出されますが、計算ではわずかに地球の位置からそれることが分かっているので、地球上の生命体の絶滅には至らないでしょう。このように、地球の運命も宇宙の星々の一挙一動に大きく左右されています。そして地球だけに限っても、２０１１年の3月11日に起こった東日本大震災の例からも分かるように、私たちの生命はいつも保証されているわけではありません。といって怖がっていても何も改善されるわけではありません。

さあ、ここからが問題です。地球を含めた自然やはるかなる宇宙と向き合う中で、これからの人生をどう考えるかは、まったくあなたの自由です。考えないことも自由です。しかし、あなたがこれからどう考え、どう行動するかによって、不可抗力の宇宙現象以外は、あなた自身の未来が変えられることも確かでしょう。「自分の未来をつくるのは、自分自身の自由の中にある」ことを改めて考えてみたいですね。

優れた研究や芸術などを生み出す原動力は、それらの創造活動を厳しく規制するような辺境だ、ともいわれています。私の経験からいっても、自分の所属する研究機関に認められず、足の引っ張り合いの中で、乏しい予算をやりくりしてじっくりと行った研究の方が、結果として大きな成果に結び付きました。かつてある司祭が、「限られた制約と条件の中でこそ、無条件にすべてを差し出すことができる」と言っていましたが、不自由の中にこそ、真の自由があるのかもしれません。

自然界のからくりも、枠組みがあるからこそ、そこから秩序が生まれ、うまく機能していることが分かっています。弦楽器の弦の振動を考えてみても、両端をきっちり押さえて固定しないといい音が出ません。また、少し専門的な話になりますが、万物を造る〝もと〟となる原子が安定して存在できるのも、原子の中心にある原子核の周りを回っている電子の道筋が制限されているからです。さらに、それらの原子が集まってさまざまな物質をつくることができるのも、同じ理由です。

＊　＊　＊

雪に閉ざされた12月の森には、何かが始まる予感があります。とりわけ、夜の森には言葉では言い表せない恐ろしいような静寂が満ちていて、すっかり葉を落とした木々の隙間《すきま》から冷たい月光がのぞき、明るい冬の星々が木に咲いた花のように光をともすと、まるで自分のところまで、宇宙が降りてきたかのような錯覚に襲われます。

さて、視界に捉えている落葉樹までの距離を30メートルだとすれば、光の速さは毎秒30万キロですから、それは１０００万分の１秒前の風景です。ひっそりと輝いている月の光も、月までの距離は38万キロですから、およそ1秒前に月を旅立った光です。その上に全天一明るく輝くおおいぬ座の1等星、シリウスは、地球から9光年離れていますから、9年前の姿です。今、見えている景色は、例外なく過去の姿だということです。

逆に、そのシリウスに人が住んでいて、強力な望遠鏡で私たちの青い星を見ていたとしたら……。彼らが地球の今を見ることができるのは9年後のことになります。

さらに、詩人のように想像力をたくましくして、私たちの目から出た光が9年かけて今、シリウスに着いたと考えてみるのもステキですね。時をかける「まなざし」です。

いずれにしても、私たちが経験している過去、未来、現在に絶対的な区別はなく、あくまでも自分の尺度で感じているに過ぎません。宇宙全体に共通する時間は存在しないのです。

外に出ると、雪交じりの風が吹いていていてどことなく年の瀬を感じます。自然の営みからいえば、年が変わった途端に、突然、星の並び方が変わるわけでもなく、街の空気が入れ替わるわけでもありません。それでも人々は年末年始を一つの区切りとして心機一転、新しい年へ希望を託します。私たちの生活は、一つのリズムとしての枠組みを必要としているようです。今日の文明が誕生したのも、人間に時間や能力の制約があったからで、私たちの限られた寿命、能力の限界という枠組みがあるからこそ、いろいろな成果を次世代につなげたいと思い、その気持ちが新しいことを生み出してきたといえるでしょう。
夜のしじまの中で、ふと見上げる今宵《こよい》限りの星空という舞台設定が、物語の始まりになる瞬間です。そして、そこから紡ぎだされる物語の中で美と愛に出会った時、人は生きていてよかったと確信します。すべてを受け入れ、寄り添うやさしさの原点は、そこにあります。

佐治晴夫

2016年、師走
粉雪が舞う北国のアトリエで

追記
この本は、「はじめに」、「おわりに」の部分も含めて、すべて、毎日新聞東海版に、2005年10月から2012年3月まで、315回にわたって連載された「佐治博士の不思議な世界」と、2012年4月から2016年9月まで、同新聞に「佐治博士のへぇ〜そうなんだ」として連載

（現在も続行中）された105回、あわせて、420回の連載の中から、いくつかを選び出し、連載時期の時系列とは関係なく、話題ごとに統合、再編成して一冊にまとめた最近11年間の週間日記のようなものです。したがって、内容に重複した部分もありますが、それは、私が、とくにお話ししたかったこととしてご理解いただければ幸いです。

また、最後になりましたが、11年間にわたる膨大な連載を取捨選択し、物語風エッセイとしてコンパクトな本にまとめるという煩雑な作業にご尽力くださった春秋社編集部の小林公二、手島朋子、中川航、楊木希の各氏に感謝申し上げるとともに、この小著を通して、日常のさまざまな風景に、宇宙のひとかけらとしてのご自分を感じていただき、ほんの一瞬でも、〝ああ、そういうことだったのか〟と、これからの新しい人生への第一歩を踏み出すためのささやかな原動力にしていただけたとしたら、これ以上の幸せはありません。

著者紹介

佐治晴夫

(さじ・はるお)


1935年東京生まれ。理学博士(理論物理学)。日本文藝家協会会員。東京大学物性研究所、
玉川大学、県立宮城大学教授、鈴鹿短期大学学長を経て、同短期大学名誉学長。

大阪音楽大学大学院客員教授。丘のまち美宙(MISORA)天文台台長。

無からの宇宙創生に関わる「ゆらぎ」研究の第一人者。

NASA のボイジャー計画、"E.T.(地球外生命体)"探査にも関与。

また、宇宙研究の成果を平和教育のひとつとして位置づける
リベラル・アーツ教育の実践を行ない、その一環として、
ピアノ、パイプオルガンを自ら弾いて、全国の学校で特別授業を行なっている。

主な著書に『宇宙の不思議』(PHP 研究所)、『おそらにはてはあるの？』

『夢みる科学』(以上、玉川大学出版部)、『二十世紀の忘れもの』(松岡正剛との共著／雲母書房)、

『「わかる」ことは「かわる」こと』(養老孟司との共著／河出書房新社)、

『からだは星からできている』『女性を宇宙は最初につくった』

『14歳のための物理学』『14歳のための時間論』『14歳のための宇宙授業』(以上、春秋社)、

『THE ANSWERS—すべての答えは宇宙にある！』(マガジンハウス)、

『量子は不確定原理のゆりかごで宇宙の夢をみる』(トランスビュー)など多数。


それでも宇宙《うちゅう》は美《うつく》しい！

科学の心が星の詩にであうとき

2017年1月25日　初版第1刷発行

著者

佐治晴夫

発行者

澤畑吉和

発行所

株式会社 春秋社

〒101-0021 東京都千代田区外神田 2-18-6

Tel 03-3255-9611 (営業)
03-3255-9614 (編集)

振替 00180-6-24861

http://www.shunjusha.co.jp/

装丁者

河村 誠

印刷所

信每書籍印刷 株式会社

製本所

黒柳製本 株式会社

ISBN 978-4-393-36063-7 C0010

JASRAC 出 1615171-601